图说中华水文化丛书

图说治水与中华文明

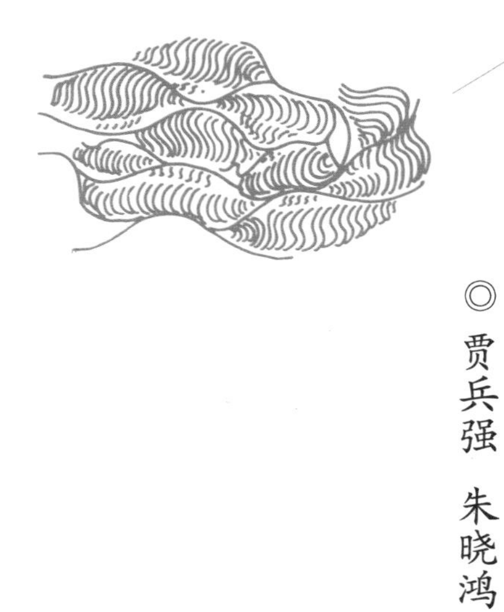

◎贾兵强　朱晓鸿　著

中国水利水电出版社
www.waterpub.com.cn

新塘湖
廟橋
文侯河
荷熱湖
大王廟
白塘
邵伯鎮
三閘
二閘
臨閘新埧
荷花塘
龍王廟
後河分港
董家湖
永家湖
尤家莊
雷塘
六閘
金灣閘
西灣閘
東灣閘
壁虎橋
鳳凰橋
人字河
灣頭閘
康普濟庵
平山堂
六合縣

邵伯鎮至高郵州
一路河道六十六里

灣頭閘下至瓜洲儀
徵運河與瓜東路各
如意等處注於大江

揚州同知管轄運河
南自瓜洲江口起北至
淮揚廳交界分首
止河長一百九十四里

儀徵運河一道計
三廠會館南自
瓜洲江口起北至
運口分界止
共計河長三百
七十三里有零

大沙
运河
象山
甘露寺
焦山
镇江府
金山
大闸
仪河
仪徵县
高资山

《中华水文化书系》编纂工作领导小组

顾　问：张印忠　中国职工思想政治工作研究会会长
　　　　　　　　中华水文化专家委员会主任委员
组　长：周学文　水利部党组成员、总规划师
成　员：陈茂山　水利部办公厅巡视员
　　　　孙高振　水利部人事司副司长
　　　　刘学钊　水利部直属机关党委常务副书记
　　　　　　　　水利部精神文明建设指导委员会办公室主任
　　　　袁建军　水利部精神文明建设指导委员会办公室副主任
　　　　陈梦晖　水利部新闻宣传中心副主任
　　　　曹志祥　教育部基础教育课程教材发展中心副主任
　　　　汤鑫华　中国水利水电出版社社长兼党委书记
　　　　朱海风　华北水利水电大学党委书记
　　　　王　凯　南京市水利局巡视员
　　　　张　焱　中国水利报社副社长
　　　　王　星　中华水文化专家委员会副主任委员
　　　　王经国　中华水文化专家委员会副主任委员
　　　　靳怀堾　水利部海委漳卫南运河管理局副局长
　　　　　　　　中华水文化专家委员会副主任委员
　　　　符宁平　浙江水利水电学院党委书记

领导小组下设办公室

主　任：胡昌支
成　员：李　亮　淡智慧　周媛　杨薇　李晔韬　王艳燕　刘佳宜

《中华水文化书系》包括以下丛书：

《水文化教育读本丛书》
《图说中华水文化丛书》
《中华水文化专题丛书》

《图说治水与中华文明》编写人员

贾兵强　朱晓鸿　著

靳怀堎　主审

责任编辑：李　亮　LeeL@waterpub.com.cn

文字编辑：王雨辰

美术编辑：芦　博

插图创作：北京智煜文化传媒有限公司

插图配置：李　亮　王雨辰

丛书各分册编写人员

《图说治水与中华文明》 贾兵强　朱晓鸿　著 / 靳怀堎　主审

《图说古代水利工程》 王英华　杜龙江　邓俊　著 / 吕娟　主审

《图说水利名人》 任红　陈陆　刘春田 等　著 / 程晓陶　主审

《图说水与文学艺术》 朱海风　张艳斌　史月梅　著 / 李宗新　主审

《图说水与风俗礼仪》 史鸿文　王瑞平　陈超　编著 / 李宗新　主审

《图说水与衣食住行》 李红光　马凯　程麟　刘经体　编著 / 吕娟　主审

《图说中华水崇拜》 向柏松　著 / 靳怀堎　主审

《图说水与战争》 武善彩　欧阳金芳　著 / 朱海风　主审

《图说诸子论水》 靳怀堎　著 / 赵新　主审

弘扬先进水文化
推进治水兴水千秋伟业

——《中华水文化书系》总序

水是人类文明的源泉。我国是一个具有悠久治水传统的国家，在长期实践中，中华民族创造了巨大的物质和精神财富，形成了独特而丰富的水文化。这是中华文化和民族精神的重要组成，也是引领和推动水利事业发展的重要力量。面对当前波澜壮阔的水利改革发展实践，积极顺应时代发展要求和人民群众期盼，大力推进水文化建设，努力创造无愧于时代的先进水文化，既是一项紧迫工作，也是一项长期任务。

水利部党组高度重视水文化建设，近年来坚持从水利工作全局出发谋划水文化发展战略，着力把水文化建设与水利建设紧密结合起来，与培育发展水利行业文化紧密结合起来，与群众性宣传教育活动紧密结合起来，明确发展重点、搭建有效平台、突出行业特色，有力发挥了水文化对水利改革发展的支撑和保障作用。特别是 2011 年水利部出台《水文化建设规划纲要 (2011—2020 年)》，明确了新时期水文化建设的指导思想、基本原则和目标任务，勾画了进一步推动水文化繁荣发展的宏伟蓝图。

水文化建设是一项社会系统工程，落实好规划纲要各项部署要求，必须统筹协调各方力量，充分发挥各方优势，广泛汇聚各方智慧，形成共谋文化发展、共建文化兴水的强大合力。为抓紧落实规划纲要明确的编纂水文化丛书、开展水文化教育等任务，中国水利水电出版社在深入调研论证基础上，于 2012 年组织策划“中华水文化书系”大型图书出版选题，并获得了财政部资助。为推动项目顺利实施，水利部专门成立《中华水文化书系》编纂工作领导小组，启动了编纂工作。在编纂工作领导小组的组织领导下，在各有关部门和单位的鼎力支持下，在所有参与编纂人员的共同努力下，经过历时一年的艰辛付出，《中华水文化书系》终于编纂完成并即将付梓。

《中华水文化书系》包括《水文化教育读本丛书》《图说中华水文化丛书》《中华水文化专题丛书》三套丛书及相应的数字化产品，总计有 26 个分册，约 720 万字。《水文化教育读本丛书》分别面向小学、中学、大学、研究生和水利职工及社会大众等不同层面读者群，《图说中华水文化丛书》采用图文并茂形式对水文化知识进行了全面梳理，《中华水文化专题丛书》从理论层面分专题对传统水文化进行了深刻解读。三套丛书既有思想性、理论性、学术性，又兼顾了基础性、普及性、可读性，各自特色鲜明又在内容上相互补充，共同构成了较为系统的水文化理论研究体系、涵盖大中小学的水文化教材体系和普及社会公众的水文化知识传播体系。《中华水文化书系》作为水利部牵头组织实施的一项大型图书出版项目，是动员社会各界人士总结梳理、开发利用中华水文化成果的一次有益尝试，是水文化领域一项具有开创意义的基础性战略性工程。它的出版问世是水文化建设结出的丰硕成果，必将有力推动水文化教育走进学校课堂、水文化传播深入社会大众、水文化研究迈向更高层次，对促进水文化发展繁荣具有十分重要的意义。

文化是民族的血脉和灵魂。习近平总书记明确指出：“一个国家、一个民族的强盛，总是以文化兴盛为支撑的，中华民族伟大复兴需要以中华文化发展繁荣为条件。”水文化建设是社会主义文化建设的重要组成部分，大力加强水文化建设，关系社会主义文化大发展大繁荣，关系治水兴水千秋伟业。我们要以《中华水文化书系》出版为契机，紧紧围绕建设社会主义文化强国、推动水利改革发展新跨越，认真践行“节水优先、空间均衡、系统治理、两手发力”新时期水利工作方针，不断加大水文化研究发掘和传播普及力度，继承弘扬优秀传统水文化，创新发展现代特色水文化，努力推出更多高质量、高品位、高水平的水文化产品，充分发挥先进水文化的教育启迪和激励凝聚功能，进一步深化和汇集全社会治水兴水共识，奋力谱写水利改革发展新篇章，为实现“两个一百年”奋斗目标和中华民族伟大复兴的中国梦提供更加坚实的水利支撑和保障。

是为序。

陈雷

2014年12月28日

《图说中华水文化丛书》序

古人说："水者，何也，万物之本原也，诸生之宗室也"（《管子》）；"太一生水。水反辅太一，是以成天。天反辅太一，是以成地"（《太一生水》）。又说："上善若水。水善利万物而不争，处众人之所恶，故几于道"（《老子·八章》）；"知者乐水，仁者乐山"（《论语·雍也》）。

水，是我们人类居住的地球上分布最广的一种物质，浮天载地，高高下下，无处不在。水是生命之源，是包括人类在内的万千生物赖以生存的物质基础。现代人经常仰望星空，不断叩问"哪个星球上有水？"因为有水的地方才会有生命的存在。"水生民，民生文，文生万象。"水养育了人类，它给万民带来的恩惠远远超过世间其他万物；同时，人类作为大自然的骄子，不但繁衍生息须臾离不开水，创造文化更少不了水的滋润和哺育。

文化者，人文教化之谓也，民族灵魂之光也。中华文明是地球上最古老、最灿烂的文明之一。中华本土文化源远流长，博大精深。考察中华民族文化的发展史，不难发现，水与我们这个民族文化的孕育、发展关系实在是太密切了，中华文化中的许多方面都有水文化的光芒在闪耀。比如，人们习惯把黄河称为中华民族的母亲河和中华文明的摇篮，在一定意义上道出了中华文化与水之关系的真谛。

水文化是一个非常古老而十分新颖的文化形态。说它非常古老，是因为自从在我们这个星球上有了人类的活动，有了人类与水打交道的"第一次"，就有了水文化：说它十分新颖，是因为在我国把水文化作为一种相对独立的文化形态提出来进行研究，是20世纪80年代末以后的事。

那么，何谓水文化呢?

水文化是指人类在劳动创造和繁衍生息过程中与水发生关系所生成的各种文化现象的总和，是民族文化以水为载体的文化集合体。而人水关系不但伴随着人类发展的始终，而且几乎涉及社会生活的各个方面，举凡经济、政治、科学、文学、艺术、宗教、民俗、体育、军事等各个领域，无不蕴含着丰富的水文化因子，因而水文化具有深厚的内涵和广阔的外延。

需要指出的是，文化是人类社会实践的产物，人是创造文化的主体。而水作为一种自然资源，自身并不能生成文化，只有当人类的生产生活与水发生了关系，人类有了利用水、治理水、节约水、保护水以及亲近水、观赏水等方面的活动，有了对水的认识和思考，才会产生文化。同时，水作为一种载体，通过打上人文的烙印即“人化”，可以构成十分丰富的文化资源，包括物质的——经过人工打造的水环境、水工程、水工具等；制度的——人们对水的利用、开发、治理、配置（分配）、节约、保护以及协调水与经济社会发展关系过程中所形成的法律法规、规程规范以及组织形态、管理体制、运行机制等；精神的——人类在与水打交道过程中创造的非物质性财富，包括水科学、水哲学、水文艺、水宗教等。与此同时，这些在人水关系中产生的特色鲜明、张力十足的文化成果，反过来又起到“化人”的作用——通过不断汲取水文化的养分，能滋润我们的心灵世界，培育我们“若水向善”“乐水进取”等方面的品格和情怀。

随着物质生活水平的大幅度提高，人们对精神文化的追求越来越强烈。水文化作为中华文化的重要组成部分，如何使之从神秘的殿堂中走出来，让广大民众了解和认知，也就成了一个大的问题。目前，水文化还是个方兴未艾的学科，有关理论和实践方面的书籍虽说也能摆一两个书柜，但大多因为表达过于“专业”，不太适应大众的口味和需求。有道是，曲高和寡。就水文化而言，深入深出，只有少数专家学者能消费得起，而大多数人则望着而却步，敬而远之，更遑论“家喻户晓，人人皆知”了。

但用什么方式把水文化表达出来，让“圈外人”都能看懂、理解，当然，如能在懂得、感悟的基础上会心一笑，那是再好不过了。思来想去，还是深入浅出最好，但如何走出水文化高高在上的“象牙塔”，做到平易亲和，生动活泼，让广大读者乐于接受呢?这需要智慧，需要创意。

好在中国水利水电出版社匠心独运，诸位编辑在思维碰撞、智慧对接中策划出“图说”——这种读者喜闻乐见的方式，来讲述人与水的故事；继而经过多位水文化学者和绘画专家的经之营之、辛勤耕耘，终于有了这套《图说中华水文化丛书》系列。要说明的是，尽管这套丛书有九册之多，但在水文化的宏大体系中，不过是冰山一角，管中窥豹。

在设计这套丛书的编写内容时，一方面，我们注意选择了水与人们生产生活关系最密切的命题，如衣食住行中的水文化、文学艺术中的水文化等，力求展示人水关系的丰富性和广泛性；另一方面，也选取了一些“形而上”的命题，如先秦诸子论水、治水与中华文明、中华水崇拜等，力求挖掘人水关系的深刻性和厚重性。在表达方式上，我们力求用通俗易懂的语言讲述人水关系的故事，强调知识性、趣味性、可读性的有机融合。至于书中的一幅幅精美的图画，则是为了让图片和文字相互陪衬，使内容更加生动形象，引人入胜，从而为读者打开一扇展现水文化风采和魅力的窗口。

虽然我们就丛书编纂中的体例、风格、表述方式等有关问题进行了反复讨论，达成了共识，并力求“步调一致”，落到实处，但因整套丛书由多位作者完成，每个人的学养、文风和表达习惯不同，加之编写的时间比较仓促，不尽如人意的地方在所难免，敬请读者批评指正。

靳怀堾

2014 年 12 月 16 日

图说中华文明之水
追溯上下千年精神
——前言

水是生命之源，生产之要，生态之基。兴水利、除水害，事关人类生存、经济发展、社会进步，历来是治国安邦的大事。水也是文明之源，世界四大文明古国的古埃及、古巴比伦、古印度及古代中国均发祥于大河流域，充分印证了大河是人类文明的摇篮。先民在防御水患与开发利用水资源的治水过程中，孕育着独具特色的大河文明。由此可见，治水与文明之间有着极为密切的关系。

纵观中华文明史，我们不难发现，治水与文明之间有着非常密切的关系。作为中华民族与自然抗争而创造文明的重要生产实践活动，治水文明本身就是中华文明的重要组成部分：治水孕育了我国文明社会，为中华文化的发展提供了动力和源泉；治水塑造了自强不息、艰苦奋斗、不折不饶的中华民族精神；治水催化了我国奴隶制国家的诞生，并对中华政治体制产生了极为深远的影响；治水对我国“南稻北粟”的农业经济社会的发展具有重要作用……

一定程度上，中华文明的发展史就是中华民族与洪涝、干旱作斗争的历史。在以农耕文明为主导的农业社会的历史进程中，我国的治水文明自始至终发挥着决定性的作用。从都江堰、黄河大堤、京杭运河到洪泽湖；从坝工、防洪工程、水力机械到提水工具；从《管子·度地》、泥沙理论、水文学到水利文献；从李冰、王景、郭守敬到潘季驯，中华治水史辉煌灿烂。治水活动不仅催生了中华物质文明的创造，而且还促成了政治文明和精神文明的创造。就物质文明而言，不论是农业、手工业、商业的发展，还是聚落、村镇、城市的盛衰，都与水密切相关；就政治文明而言，治水孕育国家的诞生，成为治国方略、国家政策、管理制度，治国安邦的重要组成部分，大河安澜是国家兴衰与社会稳定的基石；就精神文明而言，在治水活动中，先民们所形成的治水思想、方法、理念、文学、艺术、诗词等，逐渐内化为中华民族精神的内核。从这个意义上说，中华民族所创造的文明都蕴含着治水的成果。

基于此，本书按照治水与中华文明发展的内在关系，采用纪事本末体的方法，围绕治水与中华文明的肇始、治水与中华民族精神的塑造、治水与治国理政、治水与农业文明、治水与商业发展、治水与科技进步以及治水与文化典籍的传播等内容，详细阐述了治水与中华文明的互动发展。本书的结构由贾兵强、朱晓鸿两人共同商定，共分 7 章。除第三章治水与治国理政、第七章治水与文化典籍的传播由朱晓鸿撰写外，其余各章均由贾兵强撰写并对全书进行统稿。

本书凝聚了多位学者的才智，是集体智慧的结晶。在写作过程中，华北水利水电大学党委书记朱海风教授对本书的框架结构、写作风格以及资料收集等方面倾注了大量心血。中国水利文协水文化研究会会长、中华水文化专家委员会副主任委员靳怀堾在繁忙工作中审阅书稿，并数次耐心细致地提出指导性意见。华北水利水电大学水文化研究中心副主任王瑞平老师，时常鞭策、督促和指导作者，对本书的撰写提出了许多建设性建议。同时，在本书的写作和出版过程中，中国水利水电出版社水文化出版分社社长李亮，华北水利水电大学有关专家、学者等给予了大力支持和指导。中国水利水电出版社的杨薇、李菲、王雨辰等编辑为本书的出版付出了辛劳。在本书付梓之际，我们向所有支持帮助本书出版的前辈、师友们表示诚挚的谢意。

在编撰本书中，我们参阅了大量参考文献，并尽可能在文后标注相应的参考文献以表尊重和感谢，但有些内容可能属于表述上雷同或者很难查到原始出处，也许未能全部标出参考文献，谨向这些文献的所有作者一并致谢。

由于治水与中华文明涉及面比较广，特别是普及图本的编写，需要结合实际，让中华治水文明与图对接，编撰难度较大。同时，水文化的研究涉及多学科且内容繁杂，加之作者的知识水平所限，本书难免出现这样或那样的不足，敬请各位专家学者和读者批评指正。

作者

2014 年 10 月

目录

第一章 治水与中华文明的肇始

文明的产生和发展，与水有着不解之缘。中华大地，河流遍布，主要河流有：黄河、长江、淮河、海河、珠江、辽河、松花江，多流入太平洋。在我国被称为雅鲁藏布江、怒江的两条河流，分别经由印度、孟加拉、缅甸，最终流入印度洋。在我国被称为澜沧江、元江的两条河流，分别经由缅甸、老挝、泰国、柬埔寨、越南，最终流入太平洋。额尔齐斯河流入北冰洋。内陆河有塔里木河、柴达木河、疏勒河等。这些河流，首尾完整，体现了中华文明系统的完整性。另外，这些河流流入不同的大洋，并且流经其他国家和地区，则体现了中华大河文明地理上的开放性。其中许多河流生出支流、湖泊，流经气候、地形、物产、风俗各不相同的许多地区，这则体现了中华大河文明的丰富性。总之，大河是人类文明发源的摇篮，源于黄河、长江流域的中华文明就是属于“大河文明”。

大河在孕育文明的同时，也记载着中华民族与水抗争的历史。我国是一个洪涝灾害多发的国家，有关大洪水的记载很多。因此，防洪自古以来就是中华民族最主要的治水活动之一。与洪水作斗争，成为人类生存和经济社会发展的必要条件。没有洪水就没有治水，就不能产生中华特色文明——治水文化。史前人类治水活动构成中华文明之源，其内容不仅包括筑堤建坝、修筑城池、疏浚河道、堆筑高台等防御水患的实践，而且还包括凿井、挖池、修渠以利取水、蓄水、排灌等开发利用水资源的活动。其中，水井对于人类社会发展有着极其深远的历史意义。水井的出现，改变了人类生活的进程，人们由渔猎为生到从事农业生产，饲养家畜、纺织与制陶，从而出现人类农业文明的曙光。与此同时，文字的发明、城市的出现以及国家的产生是文明社会的重要标志。另外，治水对中华文明的深刻影响也反映在科学技术方面，治水的实践推动与之相关的天文、数学、地理、建筑、冶金等科学技术的发展。如黄河是一个含沙量高、灾害频仍的河流，对黄河的治理有力地促进了数学、力学、地理学、建筑技术、金属冶炼等科学技术的发展。

农耕的出现

农耕文明是我国古代农业文明的主要载体，是中华文明的重要组成部分。我国古代文明是随着农耕的发展而逐渐发展起来的。神话传说中的伏羲氏"作结绳而为网罟，以佃以渔"，就是教给人民结网打鱼和驯养禽畜，神农氏"因天之时，分地之利，制耒耜，教民农作，神而化之，使民宜之，故谓之神农也"，这是农耕文明的曙光。而水，作为自然资源，生命的依托，与人类的繁衍生息、劳动创造结下了不解之缘。"缘水而居，不耕不稼"，不仅形象地展示了原始社会人类与水的关系，而且也说明水与农耕的渊源。

裴李岗文化的农耕

据考古发现可知，我国黄河流域最早的农业遗址，为距今七八千年的黄河中下游的裴李岗文化遗址。究其原因黄河流域土壤肥沃，具有良好的保水和供水性能，是原始农业生产的适宜土壤。因而，处于黄河流域的裴李岗时期成为我国古代农业的重要起源地。在裴李岗文化中，不仅出现了粟类和稻类的农作物，还出土了与之相对应的农业生产工具和粮食加工工具，诸如石斧、石铲、石刀、石镰、石磨盘和石磨棒等。据对裴李岗文化时期的裴李岗、沙窝李、莪沟、铁生沟、马良沟 5 处遗址的初步统计，发现有石镰 37 件，石刀 4 件，石磨盘 80 件，石磨棒 42 件。裴李岗文化中出土数量众多的石磨盘和磨棒是谷物加工工具，证明当时已有丰富的谷物加工。在裴李岗文化中，发现

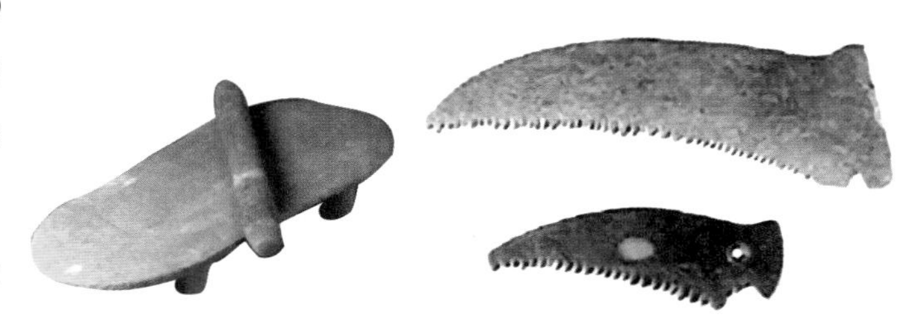

裴李岗石农具

的这些收割和加工工具之所以能制作得如此精细，并占有较大分量，说明这些农业工具是在长期采集狩猎经济的制造、使用中优先发展而来。正是由于采集和谷物加工工具的进步和使用，人们从事采集活动收获量的不断增大，对谷物加工技术的进步使植物籽粒更适于人们的口感，才使得先民们越发看重栽培这些植物对自己谋生的重要性。

裴李岗文化出土的农业工具种类之全，数量之多，制作之精，也反映出当时的农业生产已具有一定的水平。工具种类之完备，说明当时的农业生产已经有一定的基础，尤其是铲和锄的出现，说明当时的农业已进入锄耕农业阶段，而且是粟作与稻作兼有的原始农业生产。

裴李岗时期，在新郑沙窝李遗址、许昌丁庄等遗址里都有发现粟类作物，说明粟是裴李岗文化时期河南地区种植最普遍、最早的农作物之一。据考古发掘和研究表明，在新郑沙窝李遗址中，发现有分布面积约 0.8~1.5 平方米的炭化粟粒。在许昌丁庄遗址中，在一方形半地穴房子中发现炭化粟粒。

通过对裴李岗文化的研究，我们发现裴李岗文化遗址的分布具有以下三个特点：第一，遗址坐落在靠近河床的阶地上，或在两河的交汇处，一般高出河床 10~20 米，这类遗址具有较好的生存环境和生存空间；第二，遗址坐落在靠近河流附近的丘陵地带，遗址的位置本身较高，距河床较远。这类遗址既临河，又有大片可供农耕的土地，也是人类生息活动的好场所；第三，遗址坐落在海拔较低并且邻近河流的平原地带，这类遗址一般距河床较低，所以，周围环境多为平坦的沃田。如许昌丁村遗址为平原地带，位于老溵河南岸，比河床高出 3 米，距裴李岗 50 公里；新郑裴李岗遗址位于裴李岗村西北的一块高出河床 25 米的岗地上，双洎河河水自遗址西边流过，然后紧靠遗址的南部折向东流，遗址就在这一河弯上。

然而，裴李岗时期虽然已经产生农耕文明，但还处在农业发展的初级阶段，这时的采集渔猎经济，在全部裴李岗人的生产活动中，还占有非常重要的地位。如贾湖遗址出土的生产工具中，农具仅占 25.4%，而狩猎工具则占 49.5%，捕捞工具占 25.1%。同时，裴李岗的农业聚落遗址发现还不多，面积也较小，文化内涵亦不甚丰富。这也更加说明裴李岗时期的农业耕作发展规模有限，农业文化并不很发达，表明当时社会处于经济和文化发展都比较落后的状态。而原始农业的发展为裴李岗文化的繁荣奠定了坚实的基础。裴李岗文化应是厚重的中原文明、乃至博大精深的中华古代文明的重要源头之一，值得我们加以深入的研究。

河姆渡文化的骨耜

河姆渡文化是长江流域下游地区新石器时代文化，距今约 7000 年。此处河湖泥沙沉积土壤肥沃，为原始农业的产生提供了良好的条件。遗址附近水源丰富，适合需要水的稻作生长，普遍发现稻谷、稻壳、稻秆、稻叶的遗存，是中国水稻栽培起源的最佳例证，也是目前世界稻作史上最古老的人工栽培稻记录。当地降水多，气温高，应属常绿阔叶林和亚热带落叶阔叶林，森林有水鹿、野猪、牛等动物。因此，河姆渡文化以稻作农业为主，兼营畜牧、采集和渔猎。在河姆渡遗址中普遍发现有稻谷、谷壳、稻秆、稻叶等遗存。此外，还出土有许多动植物遗存如橡子、菱角、桃子、酸枣、葫芦、薏仁米和菌米与藻类植物。

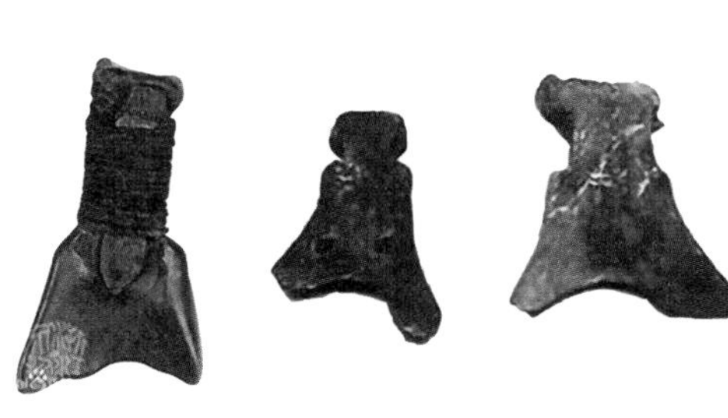

河姆渡骨耜

河姆渡文化的农具，最具有代表性的是被大量使用的“骨耜”，其采用鹿、水牛的肩胛骨加工制成。耜的外形基本保持原骨的自然形状，上端厚而窄，下端刃部薄而宽。骨面正中有一道竖向浅槽，下端呈圆舌形，其两侧有两个平行的长方孔，上端有一横穿方銎。是为绑扎竖向木柄而设计的。这种制作方法为河姆渡文化遗址所特有。骨耜通体光滑，有的刃部因长久与土壤摩擦而残缺或形成双叉、三叉式。考古还发现了安装在骨耜上的木柄，下端嵌入槽内，横銎里穿绕多圈藤条以缚紧，顶端做成丁字形或透雕三角形捉手孔。这是一种很具特色的农业生产工具。遗址中出土的骨耜有 170 件之多，与数量巨大的稻谷堆积物相对应，说明河姆渡农业已从采集阶段进入到耜耕生产阶段。此外，还出土了数量不多的木耜、穿孔石斧、双孔石刀和长近 1 米的舂米木杵等农业生产和谷物加工工具。

城的起源

城的出现被认为是文明社会的三大标志之一。关于城的起源，有很多解释和学说。对于依水而居、逐水而居时代，先民们在长期治水实践中修建的壕沟、墙址等，为城的发展提供雏形。

防治水患的环壕

环壕，就是古代人类在居住区周围为防治水患而修建的防御性壕沟，也就是所谓的“疏川导滞”治水方法的遗存。环壕的最初作用是防御洪水，古人正是利用了“水往低处流”的特性，修建成圆形、椭圆形或圆角形，便于水流，来实现防治水患的目的。与此同时，过多降水对地穴、半地穴式居室也是一种威胁，环壕也可排放居址内的积水。后来随着人类之间冲突的不断加剧，环壕的功能才逐渐转变为抵御敌对势力入侵的防御工事，就像“护城河”那样用来防御外来入侵。这种聚落是人类文化进入农耕阶段以后常见的一种聚落形式，并进而发展为“城”，而城墙及其四周的护城壕则更是环壕的延续和发展。

浙江余杭玉架山环壕

史前聚落中，环壕普遍出现。考古资料显示，最早的环壕聚落出现在新石器时代中期（公元前 7000 年—前 5000 年），如兴隆洼文化兴隆洼遗址、彭头山文化八十垱遗址、后李文化小荆山遗址、裴李岗文化贾湖遗址；到了新石器时代晚期（公元前 5000 年—前 3000 年），发展为鼎盛时期，如仰韶文化半坡遗址、姜寨遗址、吴家营遗址、濮阳西水坡遗址、大汶口文化尉迟寺遗址、敖汉旗北城子遗址等，上述考古发现基本与我国传说时代洪荒时期相吻合。面对洪水的灾难，先民们首要目标是想方设法对付它们。如陕西合阳吴家营遗址有两条基本平行的壕沟，功能就是排水，因为位于河湖岸边台地上的环壕聚落，在没有特大洪水持续施虐的情况下，不易遭到暴涨河湖水的毁灭性冲击或淹没，却易受到来自较高地势山洪的袭击，而壕沟正可以泻却山洪，并把其排入自然河流湖泊或冲沟。再如2005年初，考古学家在河南省洛阳市洛南新区王圪垱村靠近古河道附近，发现以自然河道和人工环壕相结合的环壕聚落遗址，弥补了豫西地区史前文化由龙山中晚期到二里头早期之间的空白，为河洛文明探源工程提供了又一处可资借鉴的古文化遗址。

2008年10月20日始，浙江省文物考古研究所和余杭区博物馆联合对玉架山遗址进行抢救性考古发掘,发掘面积约7600平方米。考古发现了良渚文化中晚期环壕聚落遗址,环壕内主要有大型堆筑土台、沙土层、墓葬、居住址和灰坑等遗迹。环壕平面总体上略呈方形，北段中部略向外凸出，边长约134~155米、宽约4.45~15.2米、深约0.60~1.25米。环壕的年代下限为良渚文化晚期，其成因应该与良渚文化中期营建土台相关。环壕聚落规模较小，但比较完整，为我们提供了研究良渚文化洪水灾害不可多得的个案资料。

筑墙堵水的城址

据不完全统计，目前我国考古发现的史前城址已有50多座，分布在黄河、长江两大流域及内蒙古地区，尤以龙山时代的城址为最多。研究表明：在距今4000年前后的一段时期，我国黄河流域和长江流域发生过大洪水等自然灾害。除内蒙古的古城址尚无明显的防御洪水功能外，龙山时代城址的出现，就是当时人们大规模治理洪水的结果。

湖南澧县城头山城址

筑墙堵水的方法一经发明，防御洪水的效果明显提高，沟疏、墙堵，两者相得益彰，堵洪水于门外。这种“疏”与“堵”的完美结合、人类历史上的这一伟大发明创造——城，便诞生了。城址是史前人类在同水患作斗争的实践中，把“堤”筑成像环壕一样的环状，将自己的家园包围起来，把洪水堵挡在外面，以免危及安全。所以说，城的出现从一开始是用以防洪水的，城址是治水的产物及“壅塞百川”治水方法的具体体现。

黄河中游地区史前聚落多位于河边的第二台地或山坡上，距河面的相对海拔较高，一般的洪水不会对人们构成太大的危害。即便有大洪水泛滥，居民们也可以转移到地势较高的山冈上，遭受的损失较小。因此，治理洪水的任务较其他地区小，所以史前城址数量最少，仅有郑州西山、襄汾陶寺、登封王城岗、新密古城寨、辉县孟庄、郾城郝家台、淮阳平粮台七座城址。

黄河下游地区是一望无际的华北大平原，地势低下，黄河古代无堤坝，改道无常，洪水泛滥时这里是一片汪洋的重灾区。该区域史前城址发现最多，仅山东就发现史前城址 18 座，数量远远超过其他地区，应与该地区水患严重有关，如城子崖城址、景阳冈城址、教场铺城址、丹土城址和丁公城址等。

长江中游的古城址，已发现的有湖南澧县城头山、湖北天门石家河、荆门马家垸、江陵阴湘城、石首市走马岭等 8 座城址。城垣多系堆土拍打而成，断面呈等腰三角形或梯形，两腰坡度较大，虽然宽厚有余，但较显低矮，若是防御人为的攻击，作用不太理想，这些城址多是为防洪而建。

长江上游的古城址，目前考古已发现的有新津县的宝墩古城、郫县的古城村古城、温江县的鱼凫村古城及都江堰市的芒城村古城等。城址采用斜面堆土拍打建造，平面多为正方形或长方形，城垣宽阔，但高度却不大，两侧也不很陡峭，确实难以防御外敌进攻，而且迄今为止，尚未发现任何城门遗迹，人们可以从任何地点越墙而过。这种城墙与其说是为了保卫聚落免受敌人、野兽攻击，倒不如说是为了包围聚落抵御洪水冲击。因此，古城具有围堤性质，以防洪为主要功能。

筑台而居的堌堆

“堌”就是河堤。堌堆就是筑台而居的土堆，现在主要用于地名，尤其是山东菏泽市和济宁市的西、北部，分布着许多“堌堆”。拒不完全统计，仅菏泽的堌堆就有 151 处，如菏泽安丘堌堆、莘冢集堌堆、风嘴堌堆、安陵堌堆、官堌堆、梁山青堌堆等，以“堌堆”命名的村庄有 100 多个，占全市“堌堆”的 2/3。这些堆遗址是人们筑高台而居后形成的遗存，形状有覆锅形、椭圆形、长条形和圆柱形诸种，有的则呈缓坡状台地。一般高度在 2~5 米，有的 8 米以上，最高者可达十几米。其面积大小也各不相同，大的 2 万~5 万平方米，一般为 1000~8000 平方米。这应与当时的地理环境和黄河有着密切的关系。菏泽市地处黄河下游，古有黄河、济水、濮水、沮水在此地流经，并有大野泽、菏泽、雷泽等水域。这一地域之所以形成一个个高大的堌堆，除与当时多沼泽、土岗古地貌有关外，也与当时汛期泽水横溢、黄河主流多次在这一地区泛滥有关。黄河下游的人们采用筑高台而居以躲避洪水淹没的方法。

菏泽安丘堌堆遗址

此外，长江下游地区，地势较低，同黄河下游地区一样易遭洪水淹没，这里的人们也有同洪水作斗争的悠久历史。在浙江余杭安溪卢村以西发现良渚文化时期长达 4500 米的垄状土垣，应是与治水一类相关的设施。在江苏吴江梅堰镇龙南村发现有一条古河道东西流经，隔河相望坐落着两处居址。北岸边沿发现一段良渚文化早期人工堆筑较窄矮的小护堤，说明良渚人较早地开展了与水的斗争。

另外，在江苏、安徽、河南、河北和山东省的其他地市，亦有发现。如在江苏称为墩、岗；河南谓之丘、岗、冢；河北称之为台；山东省的枣庄一带称其为台子、城子、埠子、古堆等。尽管各地的堌堆遗址名称各异，但就其性质和特征而言，都是完全相同的。由此可见，在这些平原区域内，之所以形成堌堆遗址，是因其地势低洼，处于河流决溢、湖泊泛滥的侵袭和威胁之中。正是由于这种相同的地理环境和共同面临着的河湖水患之害，才是这些地域普遍形成堌堆遗址的根本原因。

聚落城址的排水设施

我国古代聚落城址中除部分有着浓烈军事性质的要塞和城堡外，大部分是依水而建。近水的城市虽有利于生产建设和经济发展，但水灾的隐患威胁同样增大。因此，古城在选址时已充分考虑了城市供水、灌溉、排水、防洪、防御、航运和防火等各方面需求。

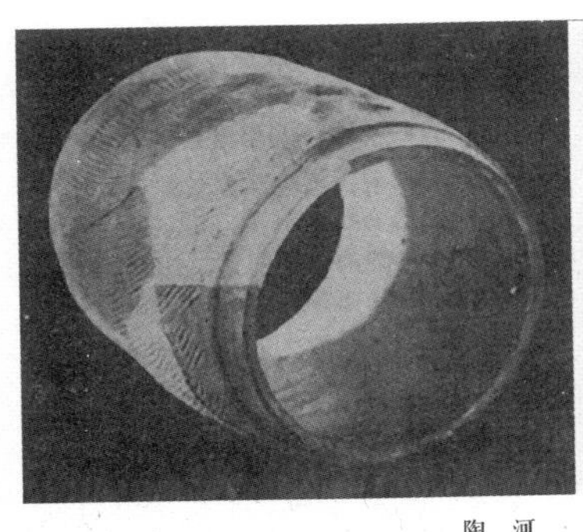

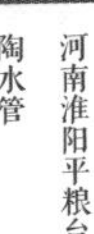
河南淮阳平粮台陶水管

古人将更多精力放在城市规划设计和给排水系统建设上，充分利用天然河流、湖泊和洼地，同时规划并开挖许多人工沟渠、湖池，共同组成发达的水系。我国古代的城市排水系统，兼有明沟、明渠和管道。明沟和明渠是指地面上人工挖掘的水道，小者称沟，大者为渠。管道指埋在地面下的水道。

迄今所知中国最早的排水系统，是一组距今 4500 多年前、埋于地下的陶质排水管道。它们出土于河南淮阳平粮台龙山文化时代城址。在中国古代，夯土城墙的功能之一，就是防洪。城址南门中间的路土下铺设有三组陶质排水管，剖面呈倒“品”字形，水管节节相套，两端有高差，便于向城外排水。这应该是迄今所知中国最早的有规划的公共排水设施。平粮台古城遗址对研究我国古代城市的出现、国家的起源、文明社会的出现等重大学术问题具有新的重要史料价值。

河南偃师二里头都城遗址，其存在时间距今约 3800~3500 年。在早期宫殿建筑之间的通道下，发现了长逾百米的木结构排水暗渠。晚期宫城中大型宫殿建筑的院内，又发现了石板砌成的地下排水沟和陶排水管组成的地下排水设施，二者的铺设都是为了向院外排水。由于这类先进的排水系统仅发现于宫殿区，可知它并未走进普通民众生活。这些城址内大都发现有房址、窑穴、墓葬、陶窑和水井等遗迹。它们都是早期城址的有机构成要素，体现着早期城的构成特点。

水井的发明

根据迄今所见资料，我国在新石器时期河姆渡遗址就发现水井，是世界上发明水井最早的国家。四大文明古国的古埃及在新王国二十王朝（公元前 1206 ~ 前 1070 年）时期，还未见有水井的记载。在两河流域，底格里斯河中游地区的亚述城邦国家，水井利用是公元前 2000 年以后的事，而古代印度有水井的记载，是公元前 324 ~ 前 185 年的孔雀王朝时期。

水是生命之源，在史前时期，原始先民对于水的依赖性更大。水井的发明使人类摆脱了对地表自然水资源的完全依赖，在生产生活中能够更好地利用水资源。在长期与自然界斗争的实践中，黄河流域和长江下游的许多原始先民，学会了使用生产工具和生活用具，建造各种类型的房屋、窖穴、陶窑等土筑结构建筑，从而初步掌握了挖掘水井所必需的技术，直接为水井的发明提供了条件。史前水井遗迹主要代表河姆渡文化、马家浜文化、崧泽文化、良渚文化等各个文化类型，此外，河北邯郸涧、山西襄汾陶寺等地，均发现龙山时代的水井，枣庄建新、滕州西公桥、广饶傅家、西吴寺、城子崖、青州凤凰台等遗址不断发现水井遗迹。在中原地区，龙山时期已经发现有四口水井，两口在邯郸涧沟遗址，一口在汤阴白营遗址，一口在洛阳矬李遗址。河姆渡遗址第二文化层发现的木构浅井和上海青浦崧泽遗址发现的两口马家浜文化水井，是我国迄今发现时代最早的水井，比黄河中下游地区的河南白营遗址的龙山文化水井要早 1000 多年。

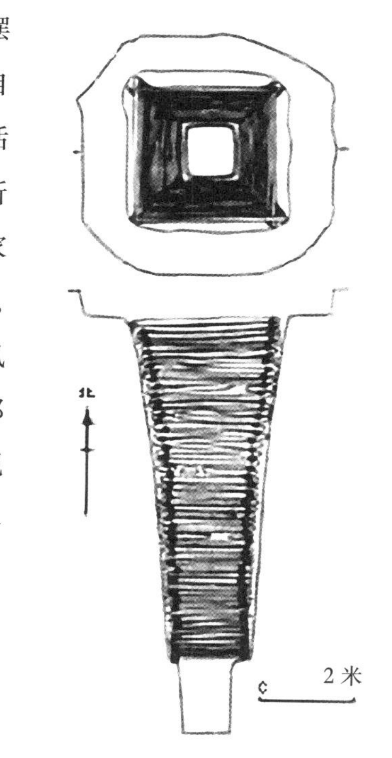

汤阴白营水井平、剖面图

汤阴白营水井

我国在北方迄今发现年代最早的水井遗迹是汤阴白营早期龙山文化中的水井。汤阴水井井口部分分两层，大井口南北长 5.8 米，东西宽 6.6 米；下深 0.55 米处为小井口，南北长 3.8 米，东西宽 3.6 米。井四壁上部向外倾斜，下部较直，口大底小。上部的木棍长，向下逐渐减短，井字形木架的十字交叉处有榫，南北木棍的榫扣入东西木棍的榫内，榫外至生土壁间距 40 厘米间填黄生土。井内填土呈黄褐色，较纯净。井深 11 米，叠压的井字形木架共有 46 层。以自上往下 8.1 米处的一层井字形木架为例，南北木棍粗 7~12 厘米（北头粗，南头细），全长 2.6 米，北侧东西木棍粗 8~9 厘米，木棍交叉的外长为 13~17 厘米。深至 8.8 米经下为 1.7 米厚的胶泥壁，质地坚硬光滑。最底下的一层井字形木架就架在这胶泥壁上。井底南北长 1.2 米、东西宽 1.1 米。白营河南龙山文化遗存井壁用圆木棍自下而上一层层垒筑而成，榫卯结合，共 46 层。汤阴水井，为研究中国水井的起源和构筑技术提供了宝贵资料。

嘉善新港水井

1982 年，浙江省嘉善县新港发现一座良渚文化晚期木筒型水井。井筒系用原生树干剖为两半，刳空内心后用长榫卯合而成。木筒断面呈椭圆形，口部略残，南北直径 63 厘米，东西直径 45 厘米，残长 163 厘米，壁厚 5 厘米。距底部约 79 厘米处凿有长宽各 7 厘米的斜方孔两个，用长榫穿过方孔连接。穿榫作中间凸起的长条形，南榫长 42 厘米、宽 6 厘米、中间厚 4 厘米、两端厚 2 厘米。北榫长 42.5 厘米、宽 5.8 厘米、中间厚 2.5 厘米、两端厚 1.9 厘米。为了防止长穿榫滑脱，方孔外又用小木榫插定。清理中发现残存小木榫两个，一个长 14 厘米、宽 5 厘米、厚 0.9~2.2 厘米，另一个长 10.5 厘米、宽 5.5 厘米、厚 1.5 厘米。木筒靠剖口处有长 5 厘米、宽 1 厘米竖向小孔西半边两孔，东半边一孔（已残）；东半边斜方孔以上 56 厘米处另有小孔一个，估计这些小孔是作穿绳绑扎用的。木筒底部、榫和铆孔都留有石器加工痕迹。井底垫一层 10 厘米的河蚌贝壳，有净化、过滤井水的作用。

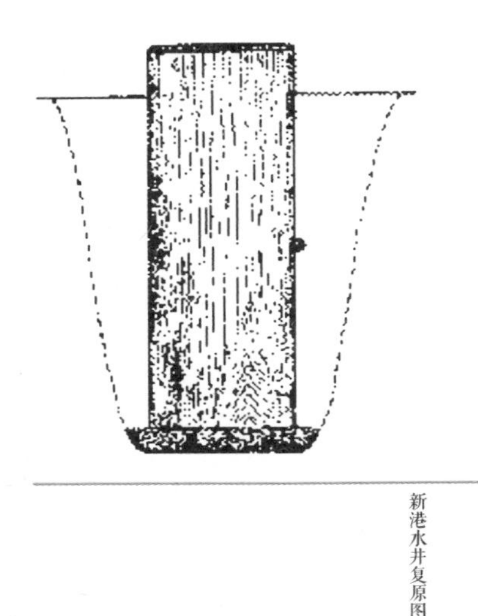

新港水井复原图

青浦崧泽水井

1987 年，上海青浦县崧泽遗址发现马家浜文化水井两座。水井 J3，发现在第三层底部。井口呈椭圆形，直径 67~75 厘米，井体为直筒形，深 2.26 米，壁平滑，中下部为不规则椭圆形，向下斜收成圈底。从井口往下约 100 厘米填黑土，质地松软，内含夹砂红陶深腹盆，以及釜、罐、鼎等陶器残片，还有少许破碎的动物遗骸和红烧土块。下面是深灰色填土，水分甚多，易于井壁剥离，未见文化遗物。水井 J5，发现于第三层底部的陶片铺垫层之下，从地层关系看较 J3 略早。呈不规则形，直径 160~170 厘米。井口为口大底小的斗形，深 170 厘米，中部横剖面与底为不规则圆角方形，井底较平。近口的井壁倾斜度比较大，中部以下较直，井壁平滑，未见明显加工痕迹。井内填满深灰土，质地松软，纯净，含大量水分，出少量陶釜与陶罐残片、梅花鹿下颚骨，在距井口大约 100 厘米深处发现一粒梅子核。

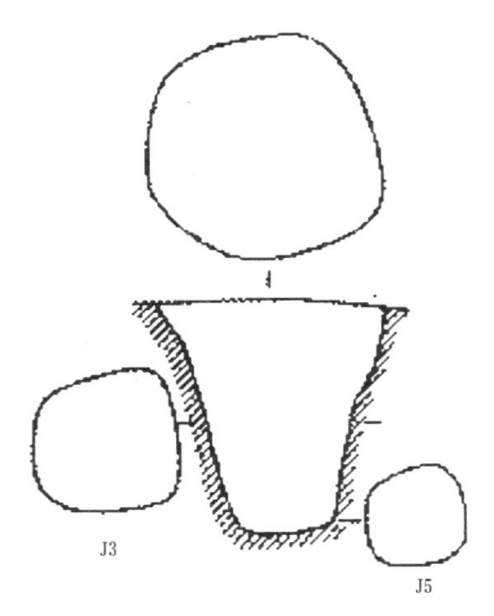

青浦崧泽水井平、剖面图

水井的出现，改变了人类生活的进程，人们由渔猎为生到从事农业生产，饲养家畜、纺织与制陶，从而出现人类农业文明的曙光。凿井技术的逐步成熟是台地农业完成向平原农业过渡的重要反映。这表明史前人类已能开发利用地下水资源，在一定程度上摆脱了对自然河流、湖泊的依赖和束缚，至此人类不再仅仅局限于河湖旁边台地，可以较广泛地选择生产和生活场所。

大禹治水与国家的形成

面对滔天洪水，中华民族依靠自己的智慧、力量和百折不挠的精神，与洪水进行顽强抗争，并最终战胜了洪水，广为传诵的“大禹治水”的故事即反映了这一点。

在治水过程中，大禹组织各部族力量共同进行治水，由此促进了以血缘关系为纽带的氏族部落的大联合，促进了华夏各部族的融合与团结；大禹治水前后，通过开展农田水利建设，大力发展农业，实行平衡政策等方式，从而为国家的建立奠定了经济基础；大禹治水成功后，民心思定，渴望实行必要的集权体制以对抗较大的自然灾害并进行大规模的农业开发，为国家的建立奠定了思想基础；大禹治水成功后，组织严密、高度集权的治水机构逐渐沿袭为国家的组织机构，为国家的建立奠定了组织基础。由此，大禹治水催生了我国第一个奴隶制国家的产生，从此文明时代取代野蛮时代。

大禹雕塑

大河之患与大禹治水

大禹治水是我国古代著名的神话传说之一，其中分别在《尚书》《山海经》《论语》《淮南子》《墨子》《史记》等文献中，均有相关记载。今天，我们能够见到的最早文献记载是《尚书》和《诗经》，内容记载较为完备的是《史记》。摘录如下。

《尚书·舜典》载：

舜曰：“咨！四岳！有能奋庸熙帝之载，使宅百揆，亮采惠畴？”佥曰：“伯禹作司空。”帝曰：“俞！咨！禹！汝平水土，惟时懋哉！”禹拜稽首，让于稷、契暨皋陶。帝曰：“俞！汝往哉。”

《史记·夏本纪》载：

禹乃遂与益、后稷奉帝命，命诸侯百姓兴人徒以傅土，行山表木，定高山大川。禹伤先人父鲧功之不成受诛，乃劳身焦思，居外十三年，过家门不敢入。薄衣食，致孝于鬼神。卑宫室，致费于沟淢。陆行乘车，水行乘船，泥行乘橇，山行乘檋。左准绳，右规矩，载四时，以开九州，通九道，陂九泽，度九山。令益予众庶稻，可种卑湿。命后稷予众庶难得之食。食少，调有余相给，以均诸侯。禹乃行相地宜所有以贡，及山川之便利。

同样，在《辞海》中，也有关于大禹治水传说的介绍：

禹，传说中古代部落联盟领袖。姒姓，亦称大禹、夏禹、戎禹。一说名文命。鲧之子。原为夏后氏部落领袖，奉舜命治理洪水。据后人记载，他领导人民疏通江河，兴修沟渠，发展农业。在治水十三年中，三过家门不入。以后治水有功，被舜选为继承人，舜死后担任部落联盟领袖。传曾铸造九鼎。其子启建立了中国历史上第一个奴隶制国家，即夏代。

《孟子》说："当尧之时，天下犹未平。洪水横流，泛滥于天下。……尧独忧之，举舜而敷治焉。"由此可见，尧舜时期的"洪水横流，泛滥于天下"，致使茫茫大地，一片汪洋。黄河流域经常发生洪水。为了制止洪水泛滥，保护农业生产，禹总结父亲的治水经验，改鲧"围堵障"为"疏顺导滞"的方法，就是利用水自高向低流的自然趋势，顺地形把壅塞的川流疏通。然后，大禹把洪水引入疏通的河道、洼地或湖泊，然后合通四海，从而平息了水患，使百姓得以从高地迁回平川居住和从事农业生产。后来，禹因此而成为夏朝的奠基者，并被人们称为"神禹"而传颂后世。

著名历史学家范文澜先生曾说过："禹是古帝中最被崇拜的一人。神话里说是洪水被禹治得'地平天成'了。这种克服自然、人定胜天的伟大精神，是禹治洪水神话的真实意义。考洪水的有无或禹是否治洪水，都是不必要的。"值得一提的是，最近发现并公之于世的西周中期铜器"遂公盨"中记载关于大禹治水事迹的记述在内容乃至用语上均与传世的《尚书》等文献惊人一致，被认为是大禹治水的证据。所以，大禹治水的神话故事是可信的，至少反映出4000多年前，我们先民在应对洪涝灾害中所表现的敢于同自然灾害作斗争的大无畏精神。

大禹治水与中国早期国家——夏的诞生

司马迁在《史记·夏本纪》中是把大禹作为夏王朝的创立者的，其活动时代当为新石器时代龙山文化晚期。大禹在治理洪水的过程中，加强了各个部落联盟的联系和协作，而且也需要强有力的统一领导，原来由血缘关系为纽带的氏族部落被以行政区划分的"九州"所代替，即《左传·襄公四年》中所谓的"茫茫禹迹，划为九州，经启九道"。

划分了九州之后，大禹又任命了九个地方行政长官“州牧”进行管理。同时，大禹还把夏邑作为统治中心，按地区的不同部署原有部落，此时的部落联盟统治已经由氏族公社那种靠血缘纽带来维系，逐渐变为按居住地区组织居民，亦即血缘关系向地缘关系转变的完成，而这正是国家形成的标志之一。

治理全国水患的工程极其浩大，可以想见当时生产力低下的情况下，去治理泛滥的洪水，需要复杂的组织管理才能够成功。大规模的治水活动，需要有统一的意识和行动，也需要建立强有力的指挥机构，从而有效地组织和协调人力、物力用于治水斗争。大禹治水过程中建立相应的职官体系进行系统管理。

大禹责杀防风氏

在治水的过程中，大禹为了更好地治理洪水，在舜的基础上逐步构建完善各种组织机构，并使之分工明确，各司其职。大禹在帝舜时期是负责平治水土的“司空”，兼任总摄联盟内各项具体事务的“百揆”。也正是由于治水任务职责的重大和时间的紧迫而赋予治水领导者至高无上的权力，这都促成了中央集权国家的产生。《国语 · 鲁语下》：“昔，禹致群神于会稽之山，防风氏后至，禹杀而戮之。”禹在会稽大会诸侯之时，防风氏部落的首领因迟到被大禹当场杀掉，足见禹的权利之大，权威之强。同时，大禹治水过程中，为了更好地管理各部族，还在虞舜时期就已经创制出的法律制度的基础上，又制定了相关的法律制度，并付诸实施。《史记 · 夏本纪》：“皋陶于是敬禹之德，令民皆则禹。不如言，刑从之。”《吕氏春秋 · 离俗览 · 用民》：“夏有乱政，而作禹刑”，法律和刑罚的制定，这都是国家正式形成的体现。

治水仰赖统一国家，而统一国家又促进了治水的成功，大禹治水与中国国家的形成正是如此的相互促进的关系。大规模的治水活动促进了王权的产生，为禅让制转变为世袭制的专制制度的建立提供了重要条件。与此同时，在长期治水过程中形成的凌驾于各氏族部落之上的组织机构，演化成奴隶制的国家机器。在治水的过程中和治水之后，大禹凭借其在治水过程中所赢得的威望，接替舜，成为部落联盟的首领，通过征三苗、画九州、合诸侯、戮防风氏等一系列过程，联合各部族，并且逐步使血缘团体向地域团体过渡，挑战古老的氏族制度，使国家的出现成为一种不可阻挡的历史趋势，促进了中国国家的形成。大禹因治水有功被推举为夏王。

《史记 · 夏本纪》的记载是："禹死，天下授益。三年以后，益让位于禹子启，于是启遂即天子位，是为夏后帝启。"启世袭禹的帝位，是一个划时代的举动，标志着"各亲其亲，各子其子"的政权"世及"时代来到，特殊的公共权力开始凌驾于氏族社会之上，因为治理黄河是重点，所以在黄河流域最早形成了国家，客观上有利于民族和社会发展。从禹开始，禅让的传统被破坏，禹的儿子启继承了王位，建立了我国第一个奴隶制国家——夏。大禹治水的传说有力证明了治水活动对国家的产生和文明进步的重大影响。

治水与自然科学的萌芽

自然科学是人们关于自然现象和规律的知识。它主要来源于人类的生产实践和社会实践。当生产实践的感性认识积累到一定的程度，经过飞跃上升到理性认识阶段才成为科学。在原始社会，科学只是以萌芽状态存在于生产技术之中。工具的制造、火的使用、采集和渔猎、畜牧和农业以及生活日常用品的制造等，无一不是科学知识萌芽的土壤。同时，它们自身在积累了科学知识的基础上得以进一步发展。当然，这时的科学知识受人们的生产活动的性质和生产经验的限制只能知其然而不能知其所以然；同时，人们对自然的认识和原始的宗教、神话又交织在一起，所以它也有很大的局限性。

为了治理水患，原始先民在长期的治水实践中，积累了丰富的治水经验，发展水利技术工程，并在水文测量、修筑围堤和兴修水利的过程中，推动水利、冶金、纺织、陶瓷、交通运输以及天文学、数学、力学、地理学和生物学的发展。从大禹治水的传说中，可以了解治理洪水的活动对科学技术的影响。

科学治水思想的萌芽

在面临浩浩洪水和鲧治水方法失败的局面，大禹创造性地提出了"疏川导滞"的疏浚排洪治水方案。由于当时的科技发展、生产力水平低下，大禹采取的不是“征服自然”“人定胜天”的办法，而是顺其自然、给洪水出路的办法。《禹贡》中把大禹治水后形成的河道加以记述，被后人称为“禹河故道”。大禹治水所采用疏导方法，是行之有效的科学治水方法，也是我国水利科学产生的标志，是我国历史上第一次方法得当并取得最终胜利的大规模治水活动，谱写了我国治水历史的第一页，揭开我国水利科技史的序幕，是中国水利科学思想的肇始。

数学知识的萌芽

我们的祖先很早就积累着关于事物的数量和形状在萌芽时期的数学知识。人们认识“数”是从“有”开始的，起初略知一二，以后在社会生产和实践中不断积累，知道的数目才逐渐增多。仰韶文化及马家窑文化遗址中出土的陶器的口沿上，发现有各种各样的刻划符号五十余种，可视为代表不同意义的记事符号。我国古代也有“结绳记事”和“契木为文”的传说。因此，这些刻划符号极可能是我国文字的起源，也可能是数字的起源。如“|”“‖”“|||”“||||”“㐅”“+”等符号与甲骨文、金文中的数字分法很相似，陶文中（半坡）还有符号“丰”，可能为一个较大的数字。

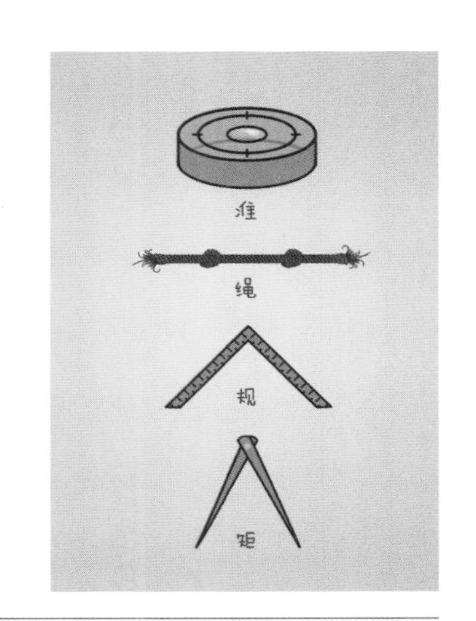

大禹治水推动数学进步

大禹在治水的过程中，“左准绳，右规矩……随山刊木，定高山大川”，这里面蕴含数学知识。《周髀算经》载：“故禹之所以治天下者，此数之所有生也。”汉代赵君卿在为《周髀算经》做注时说：“禹治洪水，决疏江河……使东至于海。”当然，把数的产生与应用全部归功于大禹有点牵强，但是大禹所发明的“准绳”“规矩”的测量工具，进行水文测量等治水实践中，肯定离不开数学计算，治理洪水的工程技术活动确实推动了数学的进步。

此外，水文测量说明那时人们对各种几何图形已经有了一定的认识和应用。考古也发现，新石器时代开始出现的竹编织物和丝纺织品，可能是人们对形和数之间的关系有了进一步的认识，因为织出的花纹和所包含的经纬线数目之间存在着一定的关系。从陶器的器形和纹饰，也反映出新石器时期人们具有一定的几何图形概念，已有圆形、椭圆形、方形、菱形、弧形、三角形、五角形、五边形、六边形、等边三角形和多种几何图形，并已经注意到几何图形的对称、圆弧的等分等问题。

天文、历法知识的萌芽

我国是天文学发展最早的国家之一。在以采集和渔猎为生的旧石器时代，我们已经对寒来暑往的变化、月亮的圆缺、动物活动的规律、植物生长点和成熟的时间，逐渐有了一定的认识。

新石器时代，社会经济逐渐进入以农业、牧业生存为主的阶段，人们更加需要掌握季节，以便不误农时。我国古代的天文历法知识就是在生产实践的迫切需要中产生出来的。在新石器时代中期，我们的祖先已开始观测天象，并用以定方位、定时间、定季节了。古史传说认为帝尧时已有历法的传说。《尚书 · 尧典》中说，帝尧曾组织一批天文官到东西南北四个地方去观测天象，以便制定历法，向人们预报季节。大禹治水时，“载四时”的传说，应与天文历法有一定的关系。洪水泛滥与四季变化关系密切相关，一般每年的七八月是洪水暴发期。1960 年，在山东莒县陵阳河出土了四件形体较大的陶尊，有两件刻画有两个图形，其描绘的应是太阳、天气和山冈。有人认为，这是一个变体的“旦”字。这些陶器可能是用来祭祀日出，祈求丰收的祭器。这些陶器的年代距今约 4500 年，和大禹治水时代相近。大禹治水时，对气象规律也有所了解，因地因时制宜，才能取得治水成功。

农业的进步

在治水成功以后，大禹“身执耒锸，以为民先……尽力乎沟洫”，兴建水利灌溉工程，开垦土地，植谷种粮，栽桑养蚕，发展农业生产。特别是利用低洼积水之地“予众庶稻”，是说禹率领群众引水灌田，种植水稻，发展农业。在陕西关中地区的泉护村发现新石器时代的炭化稻米。在登封王城岗遗址发现的磨制石器有铲、斧、凿、刀、镰、镞等以及炭化农作物有粟、黍、稻、大豆，说明农业工具得到改良和进步，精耕得到大力推广。另外，通过对“九州”的土壤普查，分清了土壤的品质优劣，在了解了各地不同物产的同时，可以根据不同的土壤性状，因地制宜地种植不同的农作物，促使旱作和稻作都得到了较快发展。

原始的地理学

“禹卒布土，以定九州”的传说，是大禹建立国家政权的反映。《禹贡》就是根据大禹治水，“以别九州”的传说，以黄河中下游地区为中心，将国家分为冀、兖、青、徐、扬、荆、豫、梁、雍九州，大约包括今河南、山西、河北、山东、江苏、安徽、湖北、四川等省的全部，及江西、湖南、陕西、甘肃的大部，宁夏、内蒙古、辽宁的一部。可见治水活动对我国古代地理学产生深刻影响。

其他科学知识的萌芽

大禹“以铜为兵，以凿伊阙，通龙门，决江河”的记载，说明大禹已经利用铜制工具，疏浚江河，可见治水促进冶铜以及工具制造技术的发展。另外，大禹“陆行乘车，水行乘船，泥行乘橇，山行乘檋”，反映治水活动对交通运输工具发展的促进作用。在治水活动时，还积累了不少植物和动物学的知识。

大禹治水区划九州

总之，在大禹治水、区划九州的实践中，萌生了最初的农业地理、气候、土壤、生物、历法知识，孔子曰“夏时得天”，高度评价了夏代的农业成就。史载，“惟殷先人有册有典”，农事见诸文字记载，结束了口耳相传“结绳记事”的原始阶段，促进了科学技术的萌发、积累与传播。

第二章 治水与中华民族精神的塑造

“中华”一词，源于魏晋，是地理名称，也作文化与民族称谓。20世纪初以来，“中华民族”成为了中国古今各民族的总称。后来,“中华民族”又与“民族精神”重合组成“中华民族精神”一词。中华民族精神主要由务实、自强、宽容、爱国、勤劳、勇敢以及热爱和平、不屈不挠、自强不息等组成，是一个多要素、多层次、多类型的复杂体系，其主要内容作为传统精神早在先秦时期就已具备，随着中华民族的繁衍和发展又不断丰富了许多新的时代精神。其中，治水活动和实践对中华民族精神的形成起重要作用。

治国先治水，有土才有邦。治水精神是一个国家、一个民族、一个地区的优良传统、优秀品德和时代精神在水事活动中的体现，也是人们在驯服水、治理水、认识水、观赏水的实践中所形成的世界观、人生观、价值观、道德观、审美情趣等社会意识的反映。中华民族在长期与水旱灾害抗衡和斗争的过程中，锤炼了忍受巨大痛苦的能力，铸就了艰苦奋斗、自强不息、坚韧不拔、百折不挠、天下为公、无私奉献、团结协作、顾全大局等意识精神，成为中华民族精神的重要组成部分。在治水活动中，大禹以人为本、吃苦耐劳、无私奉献治水精神成为中华民族精神的象征。这一传统在历代与自然灾害的抗争中得到了继承与发扬。如“特别能吃苦、特别能战斗、特别能奉献、舍小家为大家”的南方抗冰雪精神和“自强不息、顽强拼搏，万众一心、同舟共济，自力更生、艰苦奋斗”的汶川抗震救灾精神以及“大爱同心、坚韧不拔、挑战极限、感恩奋进”的玉树抗震救灾精神等，充分展现了我国人民不屈不挠、自强不息的伟大民族精神，这是优秀的中华民族精神在当代的丰富、充实与发展。

大一统观念的产生

“大一统”最早见于《春秋公羊传·隐公元年》。《春秋》首句为“元年，春，王正月。”《公羊传》谓:“元年者何？君之始年也。春者何？岁之始也。王者孰谓，谓文王也。曷为先言王而后言正月？王正月也，何言王正月也？大一统也。”所谓“大”就是尊重，重视；所谓“一统”即万物之本皆归于一，本指诸侯天下皆统一于周天子，后世经解也借指普天之下在政治文化等方面的同化一致，全国实现“六合同风，九州贯同”的统一局面。大一统作为一个比较完善的思想，形成于西汉汉武帝时期，但是，这种思想的雏形是在西周时期。“溥天之下，莫非王土；率土之滨，莫非王臣”，这是我们民族对大一统思想的最初表述。春秋战国时期的“百家争鸣”为大一统观念的形成提供了丰富的思想资料。秦朝统一全中国，是七国兼并战争的必然结果，也标志着秦国实行中央集权的封建专制大一统思想的胜利。西汉时期，董仲舒以儒学思想为本，吸取了某些法家思想，形成了以天人感应学说为基础的新儒家理论，论证了中国实现大一统的问题，标志大一统思想的正式形成。我国大一统思想正是经过董仲舒的论证而大大丰富，并以较为完善的理论形态出现，这标志着中华大一统思想经过千年理论和实践的反复酝酿而最终形成。

上述大一统观念的产生与治水活动有密切关系。我们知道，在古代社会，由于生产力和科技水平相对比较低下，面对洪涝干旱灾害，仅凭个人的能力和力量或者某一个部落的局部治理很难取得防洪抗灾的决定性胜利。而大规模的治水活动，客观上需要一个强有力的中枢组织指挥并协调各方行动、物资、人员，这就需要统一的治水意识和行动，并协调各方共同行动，这就需要具有统一的治水意识。这种在治水中形成的统一意识，对华夏民族的融合、国家的形成和巩固产生了重大的影响，进而形成了中华民族特有的天下一统、天下大同的观念。这也是卡尔·魏特夫的东方古代水利专制主义学说的理论来源之一。魏特夫认为东方社会与治水有着非常紧密的关系，原因在于大规模的水利工程建设和管理的需要，建立了遍及全国的组织，形成了中国传统社会特有的君主专制。治水实践中形成的统一思想，对国家的统一、民族融合、中央集权的巩固都起到了积极作用。

在人类文明发展的早期，其自然性越强，地理环境对文明起源的作用也就越大。其中，治水对大一统观念的形成有重要的作用。在中华民族的治水上，首推大禹。关于大禹治水的目的，《墨子·兼爱》指出，禹治水土“（西）以利燕代胡貉与西河之民”“（东）以利冀州之民”“（南）以利荆楚、干、越与南夷之民”，也就是说，其治水的终极目标是所包括华夏族与非华夏族在内的所有民族都免受旱涝灾害的威胁。《吕氏春秋·爱类》曰：“疏河决江”“所活者千八百国，此禹之功也。”这就意味着，大禹治水成功后使更多的部落或部族的生命、财产和耕地、山林免于被洪水卷走。大禹治水，对于形成一个统一的国家起到了重要作用，因而，大禹是中华民族从局部发展到全面发展以至多民族大融合的推动者和领导者，完成了一次伟大的历史跃进。在治水的过程中，大禹加强各个部落之间的联系和协作，打破以血缘关系为主的氏族部落管理模式，取而代之的是行政区的划分。由于治水任务责任重大和时间紧迫赋予大禹拥有至高无上的权力，促使国家的产生，大一统思想开始萌发。

春秋时期，楚国孙叔敖修建大型灌溉工程——期思雩娄灌区和蓄水灌溉工程——芍陂，为楚国的强盛奠定物质基础。如期思雩娄灌区，是河流、陂塘的综合治理工程。孙叔敖总结前人的经验，利用源泉湖浦的地理条件，截引河水，灌溉农田。他组织乡民在史河东岸凿开石嘴头，引水向北，称为清河；又在史河下游东岸开渠，向东引水，称为堪河。利用这两条引水河渠，灌溉史河、泉河之间干旱的土地。因清河长 90 里，堪河长 40 里，共 100 里范围内的农田灌溉有了保障，后世称其为“百里不求天灌区”。从此以后，楚人推广了截引河水的工程技术，大大改善了当地的农业生产条件，提高粮食

都江堰水利工程

产量，满足了楚庄王开拓疆土对军粮的需求。

战国时期，李冰修建的都江堰工程，是川西平原成为“水旱从人，不知饥馑，时无荒年”的天府之国。《史记·河渠书》记载：“蜀守冰凿离堆（今宝瓶口），辟沫水之害；穿二江成都之中。此渠皆可行舟，有余则用溉浸，百姓飨其利。至于所过，往往引其水，益用溉田畴之渠，以万亿计，然莫足数也”，为秦统一六国打下坚实的基础。正如马克思所言，只有为了社会的普遍权利，个别阶级才能要求普遍的统治。中国人民出于对自身生存的安全需求，急切地要求一个高度集权的统一国家，这是大一统出现的主要原因之一。而秦王朝的统一正是这种观念在现实中的体现。

李冰父子像

总之，大一统观念使中国人民养成了支持统一、反对分裂的心理，维护了我国政治上的统一，为我国成为一个统一的多民族国家做出了巨大贡献。

自强不息、艰苦奋斗精神的形成

自强不息是中华民族屹立于世界民族之林的精神动力，成为中国人自觉的精神追求，包括自尊自信、自立自主、奋发图强、坚韧不拔、勇于开拓执着追求。而艰苦奋斗是一个涵盖面很广的精神品格，它包括艰苦创业、吃苦耐劳、勤俭节约、积极有为、知难而进和坚韧不拔等内容，是中华民族的优良传统。正是靠着自强不息、艰苦奋斗精神，中华民族才在人类文明史上创造了辉煌的业绩。

我国古代不少治水英雄人物践行自强不息、艰苦奋斗的中华民族精神。如《史记·夏本纪》载:“(禹)劳身焦思，居外十三年，过家门不敢入。”大禹“舍大家顾小家”“三过家门而不入”的崇高品质，体现了上述精神。他劳而忘身，率先垂范，始终奋战在治水第一线，《庄子·天下》载：“禹亲自操橐耜”，顶风冒雨，不避寒暑，“腓无胈，胫无毛，沐甚雨，栉疾风，蜀万国。禹大圣也，而形劳天下也如此”，足迹遍神州，“手足胼胝，面目黧黑”。大禹这种忘我忘家，自强不息治水的精神，已成为历代人民学习的榜样。

战国时期，李冰治水以来，勤于职守，求真务实，各项工程身先士卒，与人民群众并肩奋战，考察山形水势决定工程选址，察看民情与施工环境，研究解决工作中的问题，稳步推进，取得实效。为修建都江堰，李冰带领他的儿子二郎沿岷江岸进行实地考察，了解水情、地势等情况，制定了治理岷江的规划方案并开凿滩险，疏通航道，修建汶井江、白木江等灌溉和航运工程，沟通成都平原上零星分布的农田灌溉渠，初步形成了规模巨大的都江堰水利工程渠道。

郭守敬像

在李冰的治水计划中，开凿玉垒山是其中关键的一环。为保证开山工程进展顺利，在开凿过程中，由于玉垒山体极其坚硬，虽花费大量人力、物力，工程进度仍十分缓慢。这一现实困难使人们开始质疑开山工程的现实性。但李冰并没有放弃，他日夜坚守在施工现场，并坚信只要能够突破现实困境，工程终将取得成功。《史记 · 河渠书》载“蜀守冰凿离堆，辟沫水之害”“崖峻险阻，不可穿凿，李冰乃积薪烧之”，就是指李冰在没有火药的情况下，以火烧石，使岩石爆裂，终于花费数年时间在玉垒山凿出了 20 米宽的口子，这就是都江堰非常有名的“宝瓶口”。宝瓶口是都江堰的主体工程之一，其旁边与玉垒山体分离的山丘则被称为离堆。李冰在开凿玉垒山的身体力行为中华民族精神的形成注入了活力。

元朝时，治水的内容已相当广泛，主要包括防洪、灌溉、航运、作坊、饮水、洗涤以及军事水利工程等。元朝郭守敬致力于河工水利，兼任都水监，先后在大都治水和西夏治水，不畏艰难，注重调查，勤于实践，为后人所推崇。1275 年，为了议立水驿，郭守敬曾在现今的河北、河南、山东、江苏一带作了一次相当广泛的循环往复的测量和水道处理工作。据《国朝文类》卷 50“郭公行状”所记：为了设立水驿，郭守敬视察了“自陵州（德州）至大名；又自济州（济宁）至沛县；又南至吕梁（徐州东南）；又自东平（山东东平县）至纲城（山东宁阳县东北）；又自东清河（大清河）逾黄河故道与御河相接；又自卫州（卫辉）御河至东平；又自东平西南水泊至御河”的地形，最终掌握了济州、大名、东平等地以及泗水、汶水与御河相通的总形势，并绘制了图形上奏。

1291年，郭守敬对大都地区水资源及地形进行了广泛地、细致的调查，勘测地形，选择线路，走访了当地百姓，实施了“跨流域调水”，提出了开设通州至京都漕运的宏伟计划。在修通州到大都的运河时，当时大都海拔40米，通州海拔20米，为了解决水流落差大，能够使运粮船只逆流进入大都城，郭守敬曾尝试改进施工技术，都没有达到畅通漕运的目的。然而，他并不为此而放弃它，在进一步研究大都地区的地理环境之后，他终于找到了正确处理继承和发展原有运河的途径，使水流入大都城。郭守敬巧妙地在开凿的运河上每隔十里一闸，在通航水道上设立双闸和斗闸，共建24闸门，实现了“节水行舟”。这样江南的漕运船只逆流过闸时，通过闸门的交替开关，就能使上下闸水位基本持平，漕运船只可逆流进入大都城。当元世祖忽必烈从上都返回大都时，看到积水潭上“舳舫蔽水盛况空前”欣然将郭守敬开挖的这条河渠赐名为“通惠河”。这是郭守敬在治水过程中创造的又一项治水奇迹。这也是他艰苦奋斗、大胆进取、积极作为、自强不息的自觉追求和公众认可的价值规范，激励和引导人们不畏艰险、吃苦耐劳，从而去战胜前进征途中一个又一个困难。

郭守敬修建的引水工程直到今天还发挥着作用

总而言之，上述自强不息、艰苦奋斗的治水精神已成为中国人民“兴水利，除旱涝”的精神内核，成为水利社会的精神源，构成中华民族精神的重要组成部分，是中华民族屹立于世界民族之林的强大动力。

疏堵结合的辩证思维

辩证思维是一种科学的世界观和方法论，要求用联系的观点观察问题，用历史的视觉分析问题，用发展的眼光解决问题，是中华民族精神的重要思想库之一。在治水过程中，疏堵结合的治水思想和方法已经转化为科学创新、解放思想、实事求是、统筹兼顾的辩证思维组成部分。在古代传统农业社会里，治水工作转变为以堵为主的观念，实行疏堵

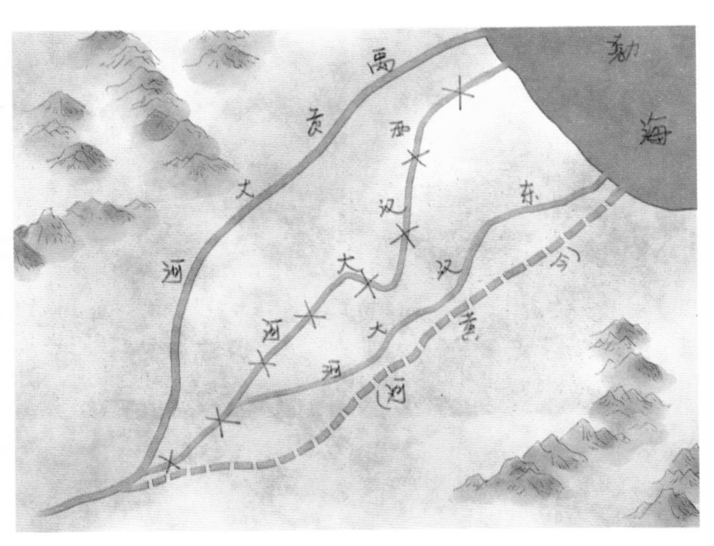

古黄河经行略图

结合，使洪水缓流、分流或安流，以利于社会经济可持续发展。

中华民族治水经略经历由“堵”到“疏”治水思想的第一次飞跃。战国时期，堤防的出现，加大了河床的容蓄能力，提高了防洪标准，至今仍然是治河防洪的重要手段。这是治河思想发展的第二阶段。从堤防到分流是治河发展的第三阶段。分流不能解决黄河的泥沙淤积和河床不断抬高的困难。到明朝中叶，提出了“以堤束水，以水攻沙”的治水思想，从单纯治水上的进步发展到治水与治沙相结合，这是治河思想发展的第四个阶段。如前述的大禹治水之所以能够成功，除了他艰苦奋斗，另一个更为重要的原因是他的科学创新精神。大禹进行实地考察，重新审视地理形势，认真总结治水规律和方法，尤其是总结其父鲧的治水经验，在此基础上，根据水土流向特点，变阻为导，因水之力，创造性地提出了“疏川导滞”的疏浚、排洪、治水的总体策，才开创了治水的新局面。大禹能够不墨守成规，因地制宜，开拓创新，正是大禹治水的成功之处。

东汉时期的王景总揽全局，统筹兼顾，认真总结前人研究成果和实践经验，并且通过实际查勘，根据地势情况，兼顾各方，协调发展，统一规划制定了荥阳（今河南省荥阳县古荥镇）到千乘海口的堤防路线，并采取了清除阻碍全河分水放淤固堤，清水回流刷深河床，减少淤积截堵堤河串沟；修建了部分险工护岸；疏浚淤积严重的河道；建立分水建筑物等工程措施，使黄河“无复溃漏之患”。

与此同时，王景破除了当时盛行的按经义治河，盲目追求复禹河故道的保守思想，经过“商度地势”“分流而治”，规划了一条“河、汴分流，复其旧迹”的新渠线，并避开了宽窄不一、再三弯曲的原堤线，抓紧有利时机进行治理。从渠首开始，河、汴并行前进，然后主流行北济河故道，至长寿津转入黄河故道，最后注入大海。王景根据实际情况，吸取历史上的经验教训，采取的“十里立一水门，令更相回注”办法。

所谓“十里”不是固定的，而是根据黄河溜势变化的特点，采取多口分水的意思。这样根据渠水的大小，合理开关水门，从而解决了在多泥沙善迁徙的河流上的引水问题，这是王景在水利技术上的又一大创造。同时王景又沟通了黄河的各个分流，采取同样的设立水门的方法，这样洪水来了，支流就起分流、分沙作用以削减洪峰水势。

王景雕像

王景历经三年的时间治理黄河，终于完成治水工程，数十年的黄水灾害得到平息，明帝拜王景为河堤竭者。从东汉到魏晋南北朝，再到隋唐五代，王景治理黄河所带来的益处，一直泽被后代，百姓对其充满了赞扬之辞：“王景治河，千载无患。”他的治水方法与策略在中国历史上发挥着重要影响，被历代治水者所推崇和效法，是当之无愧的治水专家。

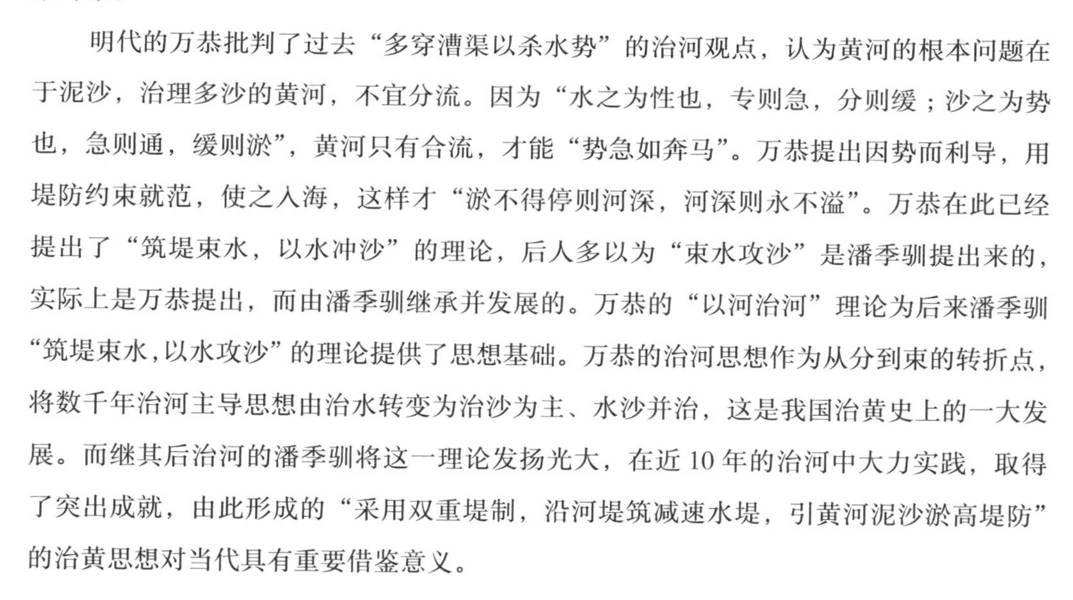

明代的万恭批判了过去“多穿漕渠以杀水势”的治河观点，认为黄河的根本问题在于泥沙，治理多沙的黄河，不宜分流。因为“水之为性也，专则急，分则缓；沙之为势也，急则通，缓则淤”，黄河只有合流，才能“势急如奔马”。万恭提出因势而利导，用堤防约束就范，使之入海，这样才“淤不得停则河深，河深则永不溢”。万恭在此已经提出了“筑堤束水，以水冲沙”的理论，后人多以为“束水攻沙”是潘季驯提出来的，实际上是万恭提出，而由潘季驯继承并发展的。万恭的“以河治河”理论为后来潘季驯“筑堤束水，以水攻沙”的理论提供了思想基础。万恭的治河思想作为从分到束的转折点，将数千年治河主导思想由治水转变为治沙为主、水沙并治，这是我国治黄史上的一大发展。而继其后治河的潘季驯将这一理论发扬光大，在近 10 年的治河中大力实践，取得了突出成就，由此形成的“采用双重堤制，沿河堤筑减速水堤，引黄河泥沙淤高堤防”的治黄思想对当代具有重要借鉴意义。

人水和谐的和合思想

和合思想是中华文化思想之精髓，是中华民族独特的精神财富，体现中华文化的首要价值。和合思想不仅要求个体身心和谐、人际和谐、群体与社会和谐，更要求人与自然的和谐，体现为“天人合一”的和谐融洽观念。在一定程度上，可以这样认为，水利社会实质上就是人水和谐发展的过程，诸如防水之害的治河，用水之利的灌溉、航运等都是为解决人水和谐发展的有益尝试。就治水而言，就是要做到人类既要“水利”，也应做到“利水”，以使水可持续地“利人”，通过做到“人水相应”实现人水和谐相处。以农为本，科学治水，人水和谐是我国治水方略，也是中华民族和合思想的生动体现。

战国时期，李冰的治水理念中，尊重自然、顺应自然，对自然的尊重始终占据着首要的位置。都江堰平实而高超的布局，将“高卑之宜”“趋自然之势”“因地制宜”等哲学思想与四季、气候引起的水量变化融入治水方案中，并逐步总结出了六字诀——“深淘滩、低作堰”，八字格言——“遇弯截角、逢正抽心”等一系列科学的治水方法。无不闪烁着“天人合一”“道法自然”的文化底蕴——即工程的设计和营建体现与天地自然相协调、顺应事物运动规律的文化特征。因而这些工程达到了改造自然、造福于人类的目的。清朝人吴涛将它所遵循的哲学思想精辟概括为“乘势利导，因时制宜”。

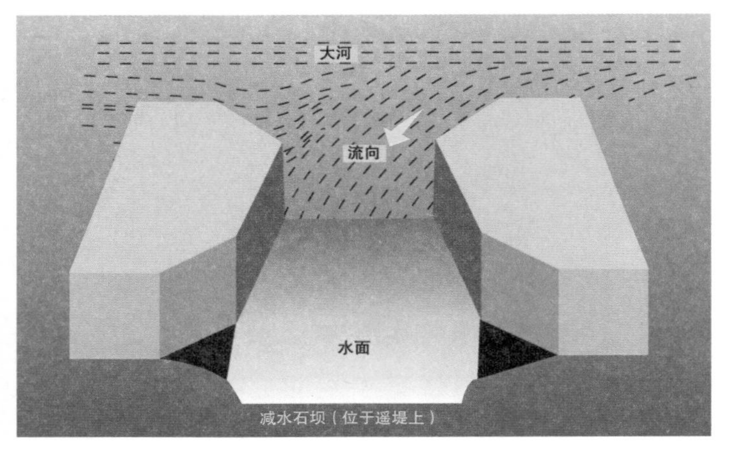

贾让治河三策

西汉时期，黄河决口频繁，水患严重。贾让提出治黄见解，后称贾让“治河三策”，其主旨是不与水争地，给洪水以出路。贾让的上策是：开辟滞洪区，实行宽堤距，迁出滞洪区人口，人不与水争，河定民安;中策是:开渠建闸，发展引黄灌溉，并从漳河分洪；下策是：加固堤防，维持河道现状。意思是说，人们努力防洪，一方面要为改善生存条件和不利的自然环境作斗争；另一方面，也要遵循自然规律，主动地限制国土开发的力度以适应自然。他提出的社会发展应主动与河流洪水规律相适应的治水观，是客观和积极的。贾让的治河思想体现人水和谐价值观。

宋代苏轼在担任徐州、杭州、惠州的太守时，其水利成就比较显著。如他在杭州修建的苏堤，不仅是一个水利工程，而且是对环境的改造。苏轼认为，治河既要针对水的规律去进行减灾、防灾工作，又要考虑到社会对治水的看法。《苏东坡全集·禹之所以通水之法》提出：“治河之要，宜推其理而酌之以人情。河水湍悍，虽亦其性，然非堤防激而作之，其势不致如此。古者，河之侧无居民，弃其地以为水委。今也，堤之而庐民其上，所谓爱尺寸而忘千里也。故曰堤防省而水患衰，其理然也。”意思是说，治理江河的关键应该顺应江河的自然属性和社会属性，水灾的发生不单纯与水的洪涝灾害的自然属性有关，而且也与人们急功近利的短视行为有关。单纯地靠修堤防水是不够的，人们还必须从科学的角度去认识治水，不能只看眼前利益，而应该着眼于长远，着眼于生态整体，着眼于人与自然的和谐相处。

明朝潘季驯提出的“以河治河，以水攻沙”的思想，主张综合治理黄河下游，认为黄河运河相通，治理了黄河也就保护了运河，黄河淮河相汇，治淮也就是治黄，既不能离开治黄谈保运，也不能抛开治淮谈治黄，体现出联系发展的和合思想，对后世治理黄河有重要借鉴意义。

在认真分析研究大江大河水患自然和社会成因的基础上，魏源认为治水“顺水之性”“因势利导”；让地予水，不与水争地；注重平常年份的水利兴修。在魏源治水思想中，集中体现了经世致用、理论和实际相结合的思想，并凸现出一定的生态环境意识。

民为邦本的价值观

《尚书 · 五子之歌》中曰 :“民可近，不可下；民为邦本，本固邦宁。”其意是说人民是国家的本体，人民稳定了，国家才能安宁。孟子的“民为贵，社稷（国家）次之，君为轻”以及魏征的:“水能载舟,亦能覆舟”也是强调百姓是国家的根本,百姓安居乐业,国家就能太平。民为邦本是当代以人为本的思想来源。

最早明确提出“以人为本”的是春秋时期齐国名相管仲。《管子 · 霸言》记载 :“夫霸王之所始也，以人为本。本理则国固，本乱则国危。”其意思是说为霸王的事业之所以有良好的开端，也是以人民为根本的；这个本理顺了国家才能巩固，这个本搞乱了国家势必危亡。管仲所说的以人为本，就是以人民为本。民为邦本的价值观就是实现人与自然、人与社会的和谐统一，最根本的是要处理好人与人之间的和谐发展。治水实践中，无时无刻不闪耀以人为本的价值观。

大禹认为民众为邦国之本，本固则邦宁。他说："民可近不可下，民惟邦本，本固邦宁。予视天下愚夫愚妇一能胜予……予临犯民，懔乎若朽索之驭六马，为人上者，奈何不敬。"刘向在《说苑 · 君道》引"河间献王曰：'禹称：民无食，则我不能使也；功成不利于人，则我不能劝也。'……民亦劳矣，然而不怨苦者，利归于民也。"《淮南子 · 修务》载："（禹）夙兴夜寐，以致聪明，轻赋薄敛，以宽民力；布德施惠，以振穷困；吊死问疾，以养孤孀。百姓亲附，政令通行。"由此可知，大禹治水目的是为了解除洪水对民众的危害，从而达到固本强基，实现国富民强。

在治水过程中，大禹始终以人民利益为出发点，从而得到人民的爱戴和拥护，为此，墨子说："为天下厚禹，为禹也。为天下厚爱禹，乃为禹之人爱也。"如有些部落食物缺乏，禹便"命益予众庶稻，可种卑湿，命后稷予众庶难得之食。食少，调有余相给，以均诸侯。"就是说，大禹与益、稷一起，施与饥民以粮食与肉类，如果一个地区食物缺乏，就从食物多的地区调入，于是，"众民乃定，万国为治"。在治水成功以后，大禹"身执耒锸，以为民先"兴建水利灌溉工程，开垦土地，植谷种粮，栽桑养蚕，发展农业生产。这就是大禹治水精神的最高境界，成为历代治国思想和理念的核心。

林则徐雕像

清代林则徐在多年治水的实践中表现出"重民思想"。林则徐作为中华民族优秀精神的代表，在很大程度上是因为他有"重民思想"，这与中国古代传统的"民惟邦本""使民以时""民贵君轻"的思想是一脉相承的。他把治水看作是致治养民之本，在其重要著作《畿辅水利议》中指出："自古致治养民为本，而养民之道，行利防患，水旱无虞，方能盖藏充裕"。林则徐的这种"重民思想"在其多年的治水实践中有表现为爱民恤民悯民。他在治水过程中注重深入实际，事必躬亲，勤政负责，真正做到了"在官不可不尽心"。

在治理黄河、运河时，为了有效地指挥治河，林则徐把住所当作"工程指挥部"；为了修筑宝山海塘，林则徐亲赴宝山海塘两次，查勘海塘，勘定新塘址，对工料采备极为重视，派定专人负责；在湖广总督任内，每年大汛来临，林则徐都抛开其他政务，顶狂风迎恶浪，乘舟赴汉水、长江各重要汛地督促防汛。不仅如此，林则徐在治水时还十分注重赈灾济贫。1833 年江苏水灾时，林则徐一方面不顾报秋灾不出 9 月的成例，奏请减缓钱漕，呼吁朝廷“暂纾民力”“下恤民生”，强调对民“多宽一分追呼，即多培一分元气”；另一方面，在苏州、南京等地分设粥厂，煮粥供应，此外严格放赈手续，去除以往赈灾中胥吏中饱私囊的积弊。

孙中山先生一生重视中国的实业建设，关心水利事业的发展。1894 年，孙中山上书李鸿章，建议改良政治，谋求国富民强，并特别强调水利的重要性。孙中山主张学习西方国家设立专管农业和水利的机构，利用农业和水利机械，以期达到事半功倍的效果。他把江河防洪与解决民生吃饭问题联系起来，将防洪减灾分为治标和治本两种方法，治标即筑高堤岸和浚深河道，这两种工程要同时办理。治本是种植林木，因为他注意到森林砍伐与洪水灾害的关系，多种树木便可以吸附雨水，减轻灾害。

民族至上、求实创新的担当意识

在治水的历史进程中，中华民族孕育形成了以民族至上、求实创新的担当意识，使得中华民族不仅创造了灿烂的文明，而且生生不息、连绵不绝，表现出强大的生命力，始终是把中华民族坚强团结在一起的精神力量，是中华民族历久弥坚的强大精神支柱。

治水精神可以上溯至大禹治水时期。约公元前的 2200 年前后，黄河流域发生了一场空前的大洪水，于是就有了大禹治水的生动传说。我们知道，大禹是古代羌族的首领，在带领羌人治理洪患的艰苦历程中，推动各民族间的交流，使之相互影响、渗透、交融，形成优势互补，促进了华夏民族的融合、成长、壮大，使夏成为中华民族文化的源头。同时，大禹既根据不同民族的特点，采取相应的政策，尊重各民族的生活方式、风俗习惯；又通过传授先进的生产技术、传播优秀的文化艺术等方式，增进了民族团结，促进了生产力的发展。

治水目标也凸显大禹治水以民族利益高于一切。关于大禹治水的目的，《墨子 · 兼爱》指出，禹治水土“（西）以利燕代胡貉与西河之民”“（东）以利冀州之民”“（南）以利荆楚、干、越与南夷之民”，也就是说，大禹治水的目的是使华夏族与非华夏族在内的所有民族都免受旱涝灾害的威胁，这对于形成一个统一的国家起到了重要作用，因而大禹是中华民族从局部发展到全面发展以至多民族大融合的推动者和领导者，完成了一次伟大的历史跃进。《吕氏春秋·爱类》曰:“疏河决江”“所活者千八百国，此禹之功也。”这就意味着，大禹治水成功后使更多的部落或部族的生命、财产和耕地、山林免于被洪水卷走，因而大禹是中华民族从局部发展到全面发展以至多民族大融合的推动者和领导者，完成了一次伟大的历史跃进。所以说，在治水过程中，大禹以民族根本利益为重，促进华夏各民族之间的融合，奠定了中华文明社会的发展。

在面临“汤汤洪水方割，荡荡怀山襄陵，浩浩滔天”和鲧治水方法失败的局面，大禹通过“陆行乘车、水行乘船、泥行乘撬、山行乘檋”认真总结治水经验和方法，尤其是总结其父鲧治水失败教训，创造发明了测量工具，提高了治水的技术水平，在此基础上，创造性地提出了“疏川导滞”的疏浚排洪治水方案。由于当时的科技发展、生产力水平低下，大禹采取的不是“征服自然”“人定胜天”的办法，而是顺其自然、给洪水出路的办法。所以说，大禹治水包含有因势利导的科学精神。

1841 年 7 月初，黄河在开封决口，林则徐奉命自流放新疆的途中折回，参与堵口工程。开封堵口合龙之后，仍被遣送伊犁，表现出“苟利国家生死以，岂因祸福避趋之”的爱国情怀。

总之，中华文明是农耕文明，水利对农业有着重大的意义。我国是河湖众多的国家，所以治水在我们国家是至关重要。经过长期治水斗争与实践对中华民族精神产生的培育具有深刻影响，已成实现中华民族伟大复兴的动力源。“献身、负责、求实、创新”的治水精神逐渐融合形成了以爱国主义为核心，团结统一、爱好和平、不屈不挠、勤劳勇敢、自强不息的伟大民族精神，铸就百折不挠、甘于奉献、顾全大局的民族品格。

第三章　治水与治国理政

我国是一个农业大国，但是农业生产所必需的水资源分布却严重不均，而且洪涝灾害频繁发生，于是治水就成了历代治国理政的重要内容之一，“治水如治国”“善为国者，必先除水旱之害”，这些至理名言都生动描绘了治水与政治生活的重要关系。

马克思在探讨东方社会的独特道路时，曾对水利事业与东方社会的政治关系产生过浓厚的兴趣，指出东方社会的一个显著特征，就是水利事业作为国家的公共工程，在东方社会的生产方式和国家的政治活动中具有十分重要的地位。他说：“节省用水和共同用水是基本的要求，这种要求，在西方，例如在弗兰德和意大利，曾使私人企业家结成自愿的联合；但在东方，由于文明程度太低，幅员太大，不能产生自愿的联合，所以就迫切需要中央集权的政府来干预，因此亚洲的一切政府都不能不执行一种经济职能，即举办公共工程的职能。”德国历史学家卡尔·魏特夫在他的著作《东方专制主义》中认为，中国历史上的中央集权与大河流域的生产关系密切相关，“这种社会形态主要起源于干旱和半干旱地区，在这类地区，只有当人们利用灌溉，必要时利用治水的办法来克服供水的不足和不调时，农业生产才能顺利地和有效地维持下去。这样的工程时刻需要大规模的协作，这样的协作反过来需要纪律、从属关系和强有力的领导”“要有效地管理这些工程，必需建立一个遍及全国或者至少及于全国人口重要中心的组织网。因此，控制这一组织网的人总是巧妙地准备行使最高政治权力”，于是便产生了“水利政治学”、专制君主、“东方专制主义”。

对于中华民族来说，治水从来都不是单纯的技术问题，而是一个战略性的政治问题，带有深刻的传统文化制度烙印。中国社会发展与治水有着密切联系，从大禹治水带来早期国家的诞生到今天水利对国家发展的重要意义，无不凸显了这一点。

明君治水与国家的兴盛

纵观我国历史，历代善治国者均以治水为重，每一个有作为的统治者都把水利作为施政的重点，我国历史上出现的一些“盛世”局面，无不得力于统治者对水利的重视，得力于水利建设及其成就：秦始皇重视水利迎来了“席卷天下，包举宇内，囊括四海，并吞八荒”的全国大一统；汉武帝统治时期，水利事业得到较快发展，水利建设为这一时期的经济繁荣、政治稳定奠定了基础，西汉王朝出现了前所未有的繁荣昌盛局面；明太祖通过兴建水利工程来改善农业生产条件，使明王朝的经济达到鼎盛；康熙乾隆重视水利建设，并能身体力行参与治水实践，推动了清代经济向前发展，迎来了后人称颂的“康乾盛世”。

崇尚水缀，统一天下——秦始皇治水与大一统的确立

作为我国历史上第一个皇帝，秦始皇修筑长城、统一全国的事迹众所周知，可是却很少有人知道，在秦始皇实现统一大业的过程中，水利发挥了重要作用。

秦始皇画像

春秋战国后期，为了一统天下，齐楚燕韩赵魏秦等国展开了激烈的兼并战争。秦国到秦昭王时期，势力已经达到今天的四川一带。秦昭王任命著名水利专家李冰担任蜀郡郡守，兴修了著名的都江堰水利工程，变岷江水害为水利，使成都平原一跃成为旱涝保收的“天府之国”，从而成为秦国重要的粮食供应地，大大增强了秦国的国力。

公元前 246 年秦王嬴政继位，他就是后来统一天下的秦始皇。嬴政顺应历史趋势，继续推进国家统一的进程。在这一过程中，秦始皇十分重视水利建设，发展农业生产，以保证战争对粮食的大量需求。关中平原是秦国的政治、经济、军事中心，这里地处渭水流域，土地肥沃却缺乏灌溉水源，粮食产量不高。因此，发展观中水利，增加粮食生产，已经成为秦国的迫切需要和必然选择。秦国东邻韩国投其所好，派遣水工郑国去秦国，游说秦始皇兴建一个水利工程，把泾水和洛水沟通起来，以灌溉关中平原北部的大片土地。韩国的本意是引诱秦国把大量的人力、物力和财力集中到这一规模浩大的水

利工程建设上，从而无法发动兼并战争，借此保全韩国。但这一方案和秦始皇借水利建设发展农业经济，富国强兵，一统天下的理想不谋而合，他便委任郑国主持修渠。经过郑国和成千上万民众的艰苦努力和辛勤劳动，几年之后大渠终于修成了。工程建成之后，引来含有泥沙的泾水灌溉关中北部的盐碱地4万多顷，每亩可以收获粮食6石4斗。从此关中成为肥沃的田野，再也没有荒年。秦国也因此富强起来，吞并了各个诸侯国，统一了天下。关中地区的老百姓为了纪念郑国的业绩，就把这条渠命名为“郑国渠”。

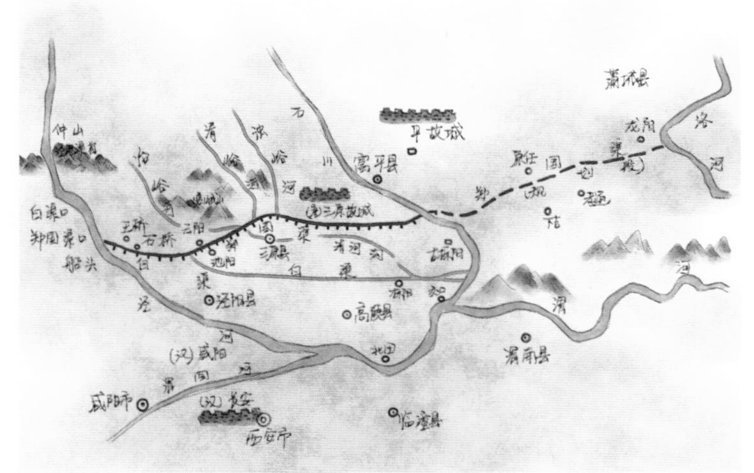

郑国渠建设示意图

在统一六国后，为了向南方扩张，秦始皇又命令史禄在广西桂林开凿了一条运河，命名为灵渠。灵渠沟通了湘江河漓江，把长江水系和珠江水系连接起来，大大便利了军队和粮草运送，秦很快统一了岭南，设置桂林、南海和象郡三个郡，将南方广大地区纳入了秦朝的版图，促进了民族融合和社会经济的发展。

灵渠位置示意图

秦国从一个蛮荒小国发展为春秋五霸之一，再到战国七雄之首，最后又一统天下，雄厚的经济实力是其坚实的后盾，而水利则是其经济崛起的重要基础。因此可以说，秦始皇治水与统一天下密不可分。

宣防塞兮，万福齐来——汉武帝治水与国家的强盛

汉武帝刘彻是我国历史上颇有建树的君主，在他统治期间，推行了很多强有力的政

治、经济措施，并致力于巩固边疆，开拓疆土，使西汉王朝出现了前所未有的繁荣昌盛局面。汉武帝统治时期，还是我国历史上水利事业得到较快发展的时期之一，水利建设为这一时期的经济繁荣、政治稳定奠定了基础。

汉武帝画像

为了发展农业生产和航运交通，汉武帝在位期间先后修建了槽渠、龙首渠、六辅渠、白渠等水利工程。槽渠长 300 多里，工期 3 年，引渭水沿终南山北麓向东至黄河，与渭河平行，使潼关到长安原来需 6 个多月的漕运时间缩短为 3 个月，不但节省了时间和运费，而且可以利用渠水灌溉民田 1 万多顷。这条人工运河一直延续使用到唐代，成为京师长安给养运输的生命线。龙首渠是开发洛河水利的首次工程，征调了 1 万多民工，挖通自今澄城县到今大荔县的渠道。如果渠成引水成功后，重泉以东的 1 万多顷盐碱地能得到灌溉，每亩能收 10 石粮。经 10 余年的施工，龙首渠基本建成，由于开挖渠道时挖到了“龙骨”而命名为龙首渠。不过由于当时井渠未加衬砌，通水后坍塌严重，因此没有发挥多大效益就报废了。但在 2000 多年前，确实表现出当时测量、施工技术的高水平。六辅渠是从冶峪、清峪、浊峪等几条小河引水，开挖 6 条小水渠，灌溉郑国渠旁边地势较高的田地。白渠是从靠近郑国渠渠首的谷口引取泾水，在乐阳注入渭水，共长 200 里，灌溉了 4500 多顷的土地，取得了显著的经济效益。因发起人白公而得名为白渠，与郑国渠齐名，习惯上把两渠合称为郑白渠。众多水利建设促进了关中地区经济的快速发展，使这里成为当时全国著名的经济区。汉武帝还专门颁布诏书，要求各地注意兴修水利，组织老百姓开挖沟渠，修建陂塘蓄水，可以备水防旱，这个诏令有力推动了汉代水利建设的开展。

汉武帝还亲自指挥了一次黄河堵口工程。公元前 132 年，黄河在南岸濮阳瓠子决口，河水夺淮河、泗水入海，梁、楚一带十几个郡受灾。由于水势汹涌，决口难以堵上，致使黄河泛滥长达 20 多年。后来汉武帝登泰山封禅时，亲眼目睹黄河洪水造成百姓背井离乡的惨状，决定亲临决口现场指挥堵口，命令随行官员自将军以下都要参加施工劳动。经过艰苦奋战，终于堵口成功，灾区百姓从水患中被解救出来。为纪念这次大规模的堵口行动，汉武帝命人在新修的黄河大堤上修建了一座宣房宫，并亲自创作了著名的《瓠子歌》二首，记述这次堵口的经过，表达了防范洪水、祈求幸福平安的心愿，从此更加注重水利建设。这次堵口成功也给全国树立了兴利除害的典范，以生动的事实说明了水利对于治国安邦的重要性。此后，水利受到了各级政府官员的普遍重视，全国掀起了兴修水利的热潮，各地开挖水渠，灌溉农田，水利工程不可胜数，使汉武帝统治时期成为我国历史上一个重要的水利大发展时期。

兴修水利，赋入盈羡——明太祖治水与经济的鼎盛

明太祖画像

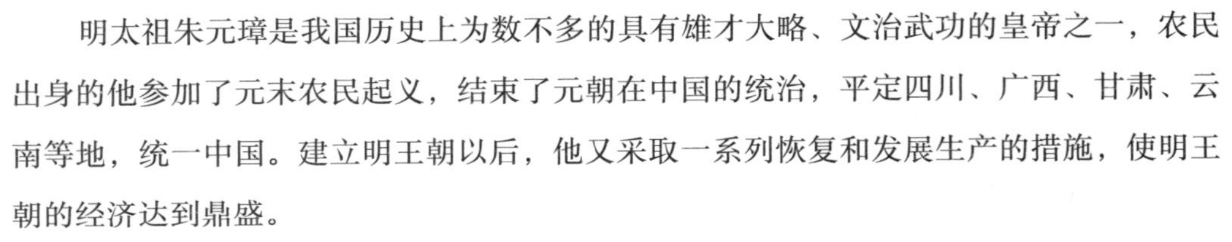

明太祖朱元璋是我国历史上为数不多的具有雄才大略、文治武功的皇帝之一，农民出身的他参加了元末农民起义，结束了元朝在中国的统治，平定四川、广西、甘肃、云南等地，统一中国。建立明王朝以后，他又采取一系列恢复和发展生产的措施，使明王朝的经济达到鼎盛。

朱元璋建立明朝之初，多次大规模的灾荒和瘟疫以及多年的战乱使社会经济凋敝不堪，生产遭到严重破坏，人口也大量减少，经济全面崩溃，民不聊生。为了恢复和发展生产，明太祖实行休养生息政策，释放奴婢、垦荒屯田。这些政策的实施，使社会增加了劳动力，各地的屯田垦荒也取得了显著成效，到他统治末年全国土地比元末增加了一倍以上。伴随着大量土地的开发，通过兴建水利工程来改善农业生产条件、增加粮食产量就成为当时的必然。

在即位之初，明太祖就下令，凡是老百姓提出有关水利的建议，地方官吏须及时奏报，否则加以处罚，并专门派遣国子监生到各地督修水利。1394 年明太祖又特别向工部发出谕旨，全国凡是能够蓄水、泄水防备洪涝灾害的陂塘湖堰，都要根据地势一一修治。在明太祖的大力督促下，全国各地发展水利取得了显著成绩，他在位的 28 年间，开天下郡县塘堰 40987 处、河 4162 处，修陂渠堤岸 5048 处，水利建设得到空前发展。

有了水利工程的有力保证，明初经济得以迅速恢复和发展，全国粮税收入比元代增加了两倍。《明史》中记载，各州县每年生产的粮食除了输往京城百万石外，州县的粮仓还堆积如山。这个记载也间接反映了明太祖督修水利对经济发展的巨大作用。

身体力行，理实并重——康熙治水与康乾盛世的到来

康熙画像

康熙是清朝入主中原后的第二任皇帝，也是历史上一位政绩卓然的君主。在他在位的 61 年间，清王朝政治稳定，经济繁荣。康熙十分看重水利，他曾说三藩、河务、漕运是他施政的三件大事，其中河务和漕运都与水利有关：河务专指黄河的防洪问题，漕运即通过运河转运漕粮。把河务漕运和三藩问题相提并论，足见康熙对水利的重视程度及治水在当时国家政治生活中的地位。

康熙治水极富实干精神，特别注重调查研究，除了对治水作一般政策性指导外，他还亲自钻研水利理论，并开展广泛的实地调查。由于黄河堤防年久失修，频繁决口，不仅沿岸百姓深受其苦，运河航运也因此通行不畅。为了掌握黄河的实际情况，康熙曾数次亲自乘船调查黄河中下游的孟津、徐州、宿迁等地，还亲自到中上游的山西、陕西、宁夏等省视察，时间最长的一次乘船调查长达 20 多天，航程数千里，所到之处无不仔细考察。根据考察结果，他提出了上下游兼顾的治理方略。他还曾经六次南巡，详细考察了黄河下游和江苏境内的运河，提出了具体的治理方案和要求，有力地促进了治水工作的开展。后人把他的治水言论汇编成书，取名为《康熙帝治河方略》，成了后代治水的经典参考书。康熙晚年，调集大量民工挖掘了一条 200 多里长的新河道，使浑河洪水分流下泄，从此安流，水患不再，两岸农业生产得以恢复。为了纪念治水成功，他将浑河改名为“永定河”。

因为重视水利，所以康熙皇帝对治水官吏的考察也十分严格。他认为治水官员不能关在衙门里纸上谈兵，而应亲历现场指挥，河道总督在汛期要亲赴重要工地，大雨时期更要加强巡查，及时发现险情并及时得以治理。对于堤防修筑工程质量特别好的，立即给予重赏，对治水中瞒上欺下、一味空谈等行为严厉训斥，对治水失职的官员则严惩不贷。在一次巡视中视察苏北溜套工程时，以张鹏翮为首的负责河务的地方官员只知歌功颂德，而对治河工程全然不晓，康熙帝对此行为大为恼火，严加训斥，不久即下令对渎职官员分别予以革职降级处分。由此可见，康熙对治水官员奖惩分明，这些举措十分有利于治水事业。

在中国历史上，许多皇帝在任期间都关心水利建设，然而能身体力行参与治水实践并能提出治水理论的却屈指可数。康熙皇帝做到了这一点，是十分难能可贵的。他对中国的水利事业发展做出了贡献，推动了清代经济向前发展，迎来了后人称颂的“康乾盛世”。

预防为要，逐年疏葺——乾隆治水与多民族国家的巩固

乾隆画像

乾隆皇帝是清朝继康熙之后又一个较有建树的皇帝，他文治武功兼修，勤政安民，巩固了多民族国家的统一，奠定了近代中国的版图，是统治成绩最辉煌的君主之一。

乾隆继位之后，全国各地水旱频频发生，如广东、河南等地常发大水，陕西、云南等地时有旱灾，而河北、山东等地则水旱灾交替，成为社会的隐患。乾隆认识到水旱灾害的严重性，水利对农业关系重大，所以要求大臣们以预防为主，兴修水利、去除水患。他下令各省督抚平时就要讲求疏导之方和灌溉之利，反对靠天吃饭和单纯依靠朝廷赈济来应对水旱之灾。针对各地水利设施年久失修的实际情况，他要求地方官员把水利作为一项长期的和经常性的任务来做。

为了掌握第一手资料，乾隆皇帝重视调查研究，多次派鄂尔泰等大臣到全国各个重要的水利施工现场调查水道的实际情况，又派户部侍郎赵殿等大臣勘察卫河、运河、金沙江等河流，命直隶总督孙嘉淦筹划水利，为进一步进行大规模的治水活动打下坚实的基础。接着，乾隆在前代治河成就的基础上，动用大量人力、物力和财力对淮扬运河和淮河入江水道等进行了疏浚和整治。即使是在他出游的途中，他也不忘亲临重要水利设施工地，与大臣共同探求治理的方法，充分体现出了对水利事业的重视。在乾隆的旨意下，河南、安徽、江南、云贵等地的地方官员都纷纷从各地实际出发，疏浚河道，加固堤防，修建陂塘沟渠、圩埂土坝等大量水利工程，较大的有：河南南阳至商丘黄河河堤新筑 170 余里，清口及江南运河疏浚，江南淮阳运河挑浚，清河千里堤岸培筑。此外，在他的关心下，修建了江苏宝山至金山 242 里长的块石篓塘和浙江金山至杭县五百里海塘。这些水利工程起了防洪、保护农业生产的作用。乾隆尤其重视京城周围地区的水利建设，仅对永定河进行的大规模治理活动就达 17 次之多，还多次亲临现场指导治河工作，大大提高了永定河的防洪抗灾能力。

乾隆在兴修水利的过程中，深刻体会到水利人才对水利建设的重要性，所以比较注意培养和选拔水利人才。他规定，担任过河官或者熟悉治水业务的地方官员，可以在履历中注明，优先提拔使用，如浙江按察使完颜伟因为熟悉浙江海塘事务并主持兴建金山海塘有功，乾隆将其提升为江南河道总督。正是由于这种办法的激励，乾隆时期有更多的官员重视水利、热心水利，从而促进了这一时期中国水利的发展。

贤吏治水与地方的富足

决期思之水，灌雩娄之野——孙叔敖开沟通渠

孙叔敖是春秋时期楚国人，当时著名的政治家、军事家和水利家。孙叔敖十分热心水利事业，主张采取各种工程措施。他带领人民大兴水利，修堤筑堰，开沟通渠，发展农业生产和航运事业，为楚国的政治稳定和经济繁荣作出了巨大的贡献。

孙叔敖亲自主持兴办的重要水利工程有期思雩娄灌区和芍陂等。公元前 605 年，孙叔敖主持兴建了我国最早的大型引水灌溉工程——期思雩娄灌区。他先带百姓在史河东岸凿开石嘴头，引水向北，称为清河；又在史河下游东岸开渠，向东引水，称为堪河。利用这两条引水河渠，灌溉史河、泉河之间的土地。因清河长 90 里，堪河长 40 里，共百余里，灌溉有保障，后世又称“百里不求天灌区”。经过后世不断续建、扩建，灌区内有渠有陂，引水入渠，由渠入陂，开陂灌田，形成了一个“长藤结瓜”式的灌溉体系。这一灌区的兴建，大大改善了当地的农业生产条件，提高粮食产量，满足了楚庄王开拓疆土对军粮的需求，孙叔敖也由于这一工程而成为闻名楚国的治水专家。

期思雩娄灌区示意图

楚庄王听说了孙叔敖的治水业绩，深知水利对于治理国家的重要，于是任命孙叔敖担任令尹的职务。孙叔敖当上了楚国的令尹之后，继续推进楚国的水利建设，发动百姓兴修水利。在公元前 597 年左右，又主持兴办了我国最早的蓄水灌溉工程——芍陂。工

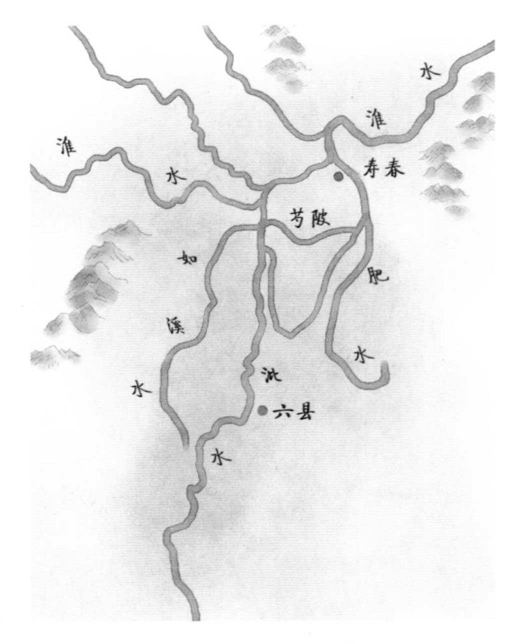

芍坡水系示意图

程在安丰即今安徽省寿县附近，位于大别山的北麓余脉，东、南、西三面地势较高，北面地势低洼，向淮河倾斜。每逢夏秋雨季，山洪暴发，形成涝灾；雨少时又常常出现旱灾。当时，这里是楚国北疆的农业区，粮食生产的好坏，对当地的军需民用关系极大。孙叔敖根据当地的地形特点，组织当地人民将东面的积石山、东南面龙池山和西面六安龙穴山流下来的溪水汇集于低洼的芍陂之中。修建5个水门，以石闸门控制水量，溪水涨时打开闸门排水，洪水消退则关上闸门蓄水，不仅天旱有水灌田，又能避免水多造成洪涝灾害。后来又在西南开了一道子午渠，上通淠河，扩大了芍陂的灌溉水源，使芍陂达到“灌田万顷”的规模。芍陂建成后，使安丰一带每年都生产出大量的粮食，并很快成为楚国的经济要地。楚国更加强大起来，打败了当时实力雄厚的晋国军队，楚庄王也一跃成为“春秋五霸”之一。芍陂经过历代的整治，一直发挥着巨大效益。如今，芍陂已经成为淠史杭灌区的重要组成部分，灌溉面积达到六十余万亩，并有防洪、除涝、水产、航运等综合效益。

惩巫绅治漳水，灭人祸消天灾——西门豹与引漳十二渠

西门豹是战国时期魏国人，是我国历史上著名的政治家和水利家。

魏国有个叫邺（今河北临漳县西南）的地方，是个军事要地。魏文侯任命西门豹为邺令，即当地的最高行政长官。邺地境内的漳水常常泛滥成灾，给当地民众造成很大损失。一些地方官吏、土豪劣绅却和巫婆串通一气，造谣惑众，搜刮民财，坑害百姓，说什么漳河闹灾是“河伯显灵”，需要每年选送一个漂亮的姑娘去给“河伯”做媳妇，就可以免除水患之苦。在他们的操纵下，每年春天，巫婆挨家挨户地挑选姑娘；官吏豪绅则向百姓催办“河伯”娶媳妇所需的钱物，所收款项数百万钱，除花去二三十万钱给“河伯办喜事”外，其余全落入了他们的腰包。天灾加上人祸，使邺地人民无以为生，只能离乡背井，四处逃荒。西门豹到了邺地后，看到的是田地荒芜、人烟稀少的景象，就把当地的父老请来，询问民间疾苦，父老如实相告。西门豹明白这是地方官绅和巫婆们造成的恶果，于是决定参加所谓的河伯娶媳妇活动。到了河伯娶媳妇的日子，西门豹和当

地父老赶来送亲。等到仪式一开始，西门豹便以巫婆选的新娘不漂亮，河伯不会满意为理由，让巫婆去给河伯说一声，过两天再选个漂亮的送去，说完就命令卫士把巫婆投进了漳河，那巫婆很快就沉入水中。过了一会，西门豹又借口派个弟子催她一下，又把老巫婆的弟子投进了河里，一共将老巫婆的三个弟子投进了河中。随后，西门豹又如法炮制把三老投进了漳河，接着又要派官吏和豪绅去送口信。官吏和豪绅连忙跪下来磕头求饶，西门豹看起到了杀鸡骇猴的效果，才放过了他们，邺地从此以后再没有人提起为河伯娶妇了。

西门豹治邺

安定了民心之后，西门豹就开始治理漳河，变害为利。他先请来魏国的能工巧匠实地考察漳水的地形，进行总体规划设计，然后发动民众开凿 12 道水渠，经水渠引漳河水灌溉农田，这就是著名的"引漳十二渠"，是我国最早的多首制大型引水渠系。引漳十二渠在漳河发大水时可以使漳河洪水分流下泄，不至于发生大的洪灾；干旱时可以用来灌田十多万亩，做到旱涝保收。由于漳水含有丰富的有机质肥料，引水灌田不仅可以补充作物需水，而且可以将十二渠两岸的盐碱地变成肥沃之地，使邺的粮食亩产量较修渠前提高了 8 倍以上。邺地的水利开发加速了经济的发展，为魏国富强奠定了坚实的物质基础。

西门豹主持兴修的引漳十二渠，经后世人们的不断整治，灌溉效益一直延续到唐代，有 1000 多年。西门豹死后，邺地百姓兴建了西门豹大夫庙和投巫池，宋、明、清三朝还为他树立了碑碣。直到现在，河北临漳地区还有一条渠，叫西门子渠，表达了老百姓对他的崇敬与感念。

溉田九千顷，浙以无凶年——马臻与鉴湖

马臻是东汉人，曾任会稽郡（治今浙江绍兴市）太守，创建了我国古代最大的陂塘灌溉工程之一——鉴湖，为其后近千年绍兴地区农业的发展作出了巨大的贡献。

东汉时期，绍兴地区因为背山面海，经常发生潮水倒灌或者山洪暴发等水患，往往

马臻修建的鉴湖近景

湖堤决溢，平原成为泽国。而一旦大旱，有限的湖不能满足农田灌溉的需要。在这样的环境下，百姓贫困，生计维艰。马臻任会稽太守后，深入实地调查，勘察规划山水，想利用这里的地形，改变这种恶劣的自然环境，兴修水利、发展农业生产来改善民生。他作出了巧妙的鉴湖工程设计：把历代修筑的湖堤加高培厚，并增筑新堤，使之连成一个整体，共长127里。这条大堤以会稽郡城为中心，又分为东西两大堤段，东段起五云门至曹娥江，堤长72里；西段起常禧门到浦阳江，堤防55里。这条人工大堤与南边会稽山麓围成了周长310里、宽约五里的狭长形大湖，这就是鉴湖，又名长湖、镜湖。鉴湖包围了原来众多的大小湖泊。由于东部地形略高于西部，马臻在湖中间又修了一条六里长的驿道作湖堤，把鉴湖分成东湖和西湖两部分。又由于湖水面高出堤外农田丈余，而农田又高出杭州湾海面丈余，于是形成了自流灌溉的形势，加上斗门、闸、堰与涵管等一整套设施，就使得鉴湖发挥出了既能灌溉、又能排水的效益。干旱时，打开放水设施，使湖水灌田。山洪到来时，关闭放水设施，把洪水蓄入湖中。鉴湖蓄不了时，又打开下泄斗门，将水泄入杭州湾。据史料记载，当时鉴湖可“溉田九千余顷”，使“浙以无凶年”，绍兴一带很快变得富庶起来。

一心穿地，百姓受益——姜师度与盛唐水利

唐代人姜师度，历任县尉、县令刺史、御史中丞、大理寺卿、司农卿、河中尹等职，任地方官多年，官至将作大匠。他热衷水利，为官一地，治水一方，享有“一心穿地”的美誉。

唐初统治者为了促进农业发展，所以非常重视水利，当时在中央尚书省下专门设有水部，“掌天下川渎坡池之政令，以导达沟洫，堰决河渠。凡舟楫灌溉之利，咸总而举之”。又设都水监，管京畿地区河渠的修建和灌溉事宜。还颁布了全国统一的水利法律《水部式》，把发展水利作为考核地方官吏政绩的标准。这些措施，极大地推动了唐

代农田水利的开展。据史料统计，唐代兴修的农田水利工程就达 253 处，其中灌溉面积 500 顷以下的 205 处，500~1000 顷的 15 处，1000 顷以上的 33 处。这些水利工程不再像前朝一样只局限于黄河两岸和其他个别地区，而是几乎扩展到全国各地，甚至边远的新疆、西藏。姜师度正是盛唐时期兴修水利的代表人物。

姜师度画像

705 年，姜师度升任易州（治今河北易县）刺史、河北道监察兼支度营田使。为便于向北部边境运输粮食，姜师度重开了平虏渠。这条渠是东汉末年曹操北征乌桓时在今河北沧州东北开凿的一条渠道，连接滹沱河和瓜水，命名为平虏渠，以便利军运。再往北，又开凿了连接清河和鲍丘河的泉州渠。到了唐代，这些渠道因年久失修，不易行船。姜师度将这些旧渠重新整修和改建，使海上运输变为内河漕运，避免了海运风险。707 年，姜师度利用黄河故道，疏浚张甲河排除洪涝，这条河在西汉时曾是屯氏河的分支，起分排黄河洪水的作用，后黄河改道由利津入海，张甲河主要用来排泄洼地的积涝。不久，他又在沧州清池县引浮水开了两条渠道：一条下注毛氏河，另一条下注漳水，用来灌溉农田。

713 年，姜师度迁任陕州刺史，州城西面有个太原仓，是江、淮粮食运往京都长安的水陆中转站，地位很重要。以往仓内粮食都是靠人力搬运到黄河边装船，费时又费力。姜师度根据粮仓地势较高的条件，巧妙地设计施工了一条倾斜地道，并装上木滑槽通到岸边，使仓米由高处顺着滑槽直接下送入运船，大大提高了运输效率，又节省了数以万计的工费。第二年，姜师度在华州华阴西开凿了用作排洪的敷水渠，消除了水患。此后，继任刺史的樊忱在此工程的基础上又进一步修浚，使这条渠与渭水沟通，便利了漕运。两年后，姜师度又在郑县疏导了两条旧渠，一条在县境西南，引乔谷水，名利俗渠；另一条在县境东南，引小敷谷水，名罗文渠，均用于灌溉农田。还在渭河上修筑堤防，抵御水害。

安邑县盐池

718 年，年近古稀的姜师度被任命为河中府府尹。境内安邑县有个著名的盐池，东西长60里，南北宽10多里，历代都是极重要的食盐供应地和财政来源之一。但由于它位于盆地的最低点，很容易被汇聚来的过多水量所破坏，影响出盐。很早就有了防洪工程，主要目的是疏导四方水流。北魏时都水校尉元清开凿永丰渠，把盐池上游的主要来水顺盐池西北方向引入黄河。隋代都水监姚暹进行大规模整修，两旁加固土堰，一方面引水西流，另一方面拦阻北面的外来水，这条渠道从此即被称为姚暹渠。姜师度到任后，恰恰遇到了大旱，盐池逐渐干涸，产量急剧下降。姜师度即组织民众，开沟引水，设置盐屯，使盐池迅速恢复生机。同时，姜师度对当地的防洪系统也进行了整修。次年，姜师度改任同州刺史。境内的朝邑、河西两县界有个通灵陂，是建于前代的灌溉工程，因为水源不畅近乎废弃。姜师度根据地形、河流特点，开渠引洛水至通灵陂，并在黄河上作堰导水，开发了通灵陂，使贫瘠低产的两千顷弃地成为上等田。同时，设立屯田点10多处，种植水稻，"收获万计"。正是由于这些治水业绩，姜师度受到玄宗皇帝的褒奖，被提升为将作大匠。随后，他又在长安城内开渠引水，保证了城市供水和航运需要。

723年，姜师度病卒，终年70余岁。由于他"好兴作""所在必发众穿凿"，每到一地都注重兴修水利，为当地带来了长久利益，因此，受到老百姓的感念。《旧唐书》称赞他说："师度勤于为政，又有巧思，颇知沟洫之利"。当时，太史令傅孝忠善占星纬，而姜师度以深谙水利有名，于是人们广为流传："傅孝忠两眼看天，姜师度一心穿地"。

束内水不伤盐，隔外潮不伤稼——范仲淹修建捍海堰及治理太湖

范仲淹是北宋著名的政治家和文学家，他的千古名言"先天下之忧而忧，后天下之乐而乐"是他一生忧国忧民的真实写照。他一生历任司理参军、节度推官、县令、通判、右司谏、知州、经略安抚招讨副使、龙图阁直学士、枢密副使、参知政事（副宰相）等职，变革朝政、捍御边隅，文治武功显著，而且他在兴修水利，治理水旱灾害方面也作出了不朽的业绩。

1021年，范仲淹任泰州盐仓监官——负责监督淮盐贮运转销，他发现当地的海堤因多年失修，早已坍塌不堪，不仅盐场亭灶失去屏障，而且广阔的农田民宅也屡受海浪威胁。如果遇上大海潮汐，海水甚至淹到泰州城下，成千上万灾民流离失所。为此，范

仲淹上书给江淮漕运张纶，痛陈海堤利害，建议在通州、泰州、楚州、海州沿海，重修一道坚固的捍海堤堰。对于这项浩大的工程，张纶表示赞同，并奏准朝廷，调范仲淹作兴化县令，全面负责治堰。1024 年秋，范仲淹率领数万民夫奔赴海滨，开始了治堰工程。尽管困难重重，但经过范仲淹等人的努力坚持，捍海治堰工程得以顺利实施。不久，这条海堰修成，盐场恢复了生产，盐城、兴化、海陵等县的田土都能够耕种，往年受灾流亡的民户又返回家园，生产得到了恢复，朝廷的盐利收入也明显增加。人们感激县令范仲淹的功绩，把这条海堰叫作“范公堤”。后世又屡次修固及延伸，逐渐形成了北起阜宁，经盐城、东台、海安、如东、南通，直抵启东吕四的捍海长堤，号称八百里，总称“范公堤”。明清时期，堤外已涨出大片陆地，但是此堤仍“有束内水不致伤盐，隔外潮不致伤稼的功用”。由于倡议兴修捍海堰的是范仲淹，竭力奏请批准的是胡全仪，亲临其役直到完工的是张纶，后人在东台等地建立了三贤祠，又称范公祠，以示纪念。

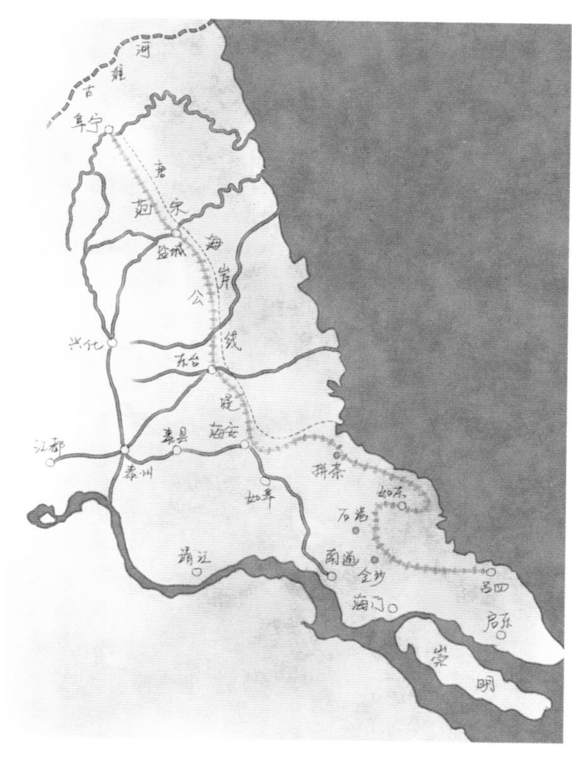

范公堤示意图

1034 年范仲淹任苏州知州，开始了治理太湖的实践。太湖平原中部地势低洼，四周高起，湖荡密布，河港错列，田地房屋常遭淹没之灾。范仲淹到任后，时值太湖大水，他亲自实地考察，仔细推敲，根据“水之为物，蓄而停之，何为而不害；决而流之，何为而不利”的道理，提出了以疏导为主的治水主张，将太湖水向东南引入淞江，向东北引入扬子江后入海。范仲淹以官粮招募饥民修建水利工程，主持疏浚了白茆、福山、黄泗、许浦等港浦，并建造了一系列闸门，旱时引江水灌田，涝时排泄洪水，其中福山浦闸被当时人称为“范公闸”。之后范仲淹留任苏州，继续疏浚东北诸港浦，排泄积潦，促使农业连年丰收。鉴于自己治理太湖的实践经验，范仲淹在上疏朝廷时指出，经常疏浚河道、维修工程是刺史、县令的重要职责，太湖四周的苏州、常州、湖州和秀州是国家的仓廪，凡浙漕官吏及这几郡的守令，都要选择负责能干的人担任，才能使朝廷不失东南之利。范仲淹还认真研究了江南圩田古制，总结古今治理太湖的经

东台三贤祠遗址

验，结合自己的治水实践，提出了"修围、浚河、置闸，三者如鼎足，缺一不可"的治水主张。当他官拜参知政事主持"庆历新政"时，他的十项改革主张中就包括了兴修水利的相关建议。

范仲淹提出的"修围、浚河、置闸并重"的主张体现了治水与治田相结合，解决了蓄水与泄水，挡潮与排涝的矛盾，不失为治理太湖的一种好方法，对后世有一定的影响，其后历代圩区的水利建设，大都采用范仲淹的方法。

自公去后五百载，水流无尽恩无穷——苏轼整治西湖与清河

苏轼是北宋杰出的文学家，为中国文学史上"唐宋八大家"之一，历任通判、知州、太守等地方官多年，官至礼部尚书。他除了以文学成就闻名史册，也是兴修水利的实干家，在中国水利史上也是非常值得一提的。

1077 年黄河决口，滔滔洪水很快包围了徐州城，最高水位高出城中平地一丈多，城墙到处漏水。刚上任的知州苏轼，镇定自若表示自己要与城共存亡，及时安定了民心。他组织全城百姓一面用柴草堵塞洞穴，一面加固城防，还亲自去请求禁军合作抗击洪水。苏轼身先士卒坚守城头，还命其他官吏各负其责守住决口。军民们被苏轼拼命保城的精神所感动，也同心协力，奋勇抗洪，终于保全了徐州城。水退后，苏轼又立即赶到城东北查勘荆山下的沟河，尽力筹划改造，后经朝廷批准建了一道木坝，还在城东墙兴建了黄楼防洪工程，得到了朝廷的奖谕。从这次抗洪到明代的 500 多年间，徐州虽不断发生水患，但凭借长堤为屏障，一直安然无恙。后人为缅怀苏轼治水保城的功绩，就把他带领军民抢筑的长堤，称为"苏堤"，并留下了"自公去后五百载，水流无尽恩无穷"的赞美诗句。

苏轼画像

苏轼还曾两次出任杭州地方长官，他在任内，多次主持杭州的水利建设，比较重要的有复修六井、疏浚茅山河和盐桥河、整治西湖等。杭州由于濒临大海，水质苦恶，给人民生活与城市发展带来很大不便。唐代开凿的六口水井到苏轼任通判杭州时，已几近废弃，市民为吃水问题叫苦不迭。于是，苏轼便与太守一起组织市民重新整修了六井，终于解决了城市的饮用水问题，即使第二年遇上江浙大旱，杭州居民也没有缺水，全城

人万分感激苏轼办了一件大好事。15 年后，他出任太守第二次来到杭州时，发现用竹管引水需要经常更换，且不易维修，以致井水短缺而水价昂贵，于是又将引水竹管一律改为瓦筒，并以石槽围裹，使“底盖坚厚。锢捍周密，水既足用，永无坏理”。同时还开辟新井，扩大供水范围，使得杭州全城居民都能喝上甘甜的西湖水。茅山河和盐桥河是杭州城内的两条大河，北连南北大运河最后流入钱塘江。由于江水与河水相混，江潮挟带的大量泥沙常常倒灌淤积到河内，殃及市内稠密的居民区，每隔三五年就得开浚一次，既有碍航运，又费人力物力，杭州居民深受其害。苏轼亲自实地考察，了解到两河淤塞的原因在于堰闸废坏。于是，他先调集捍江兵和厢军用半年时间，修浚城中的这两条河。接着，又组织军民在串联两河的支流上加修一闸，使江潮先入茅山河，待潮平水清后，再开闸，放清水入盐桥河，以保证城内这条主航道不致淤塞。茅山河定时开浚，起到沉沙池的作用。自此之后，江潮不再进入杭州城，市区免除了泥沙淤积之害。再加上他又在涌金门设堰引西湖水补给，较科学地完善了杭州城的水利系统。今日西湖被誉为“人间天堂”，也是与苏轼的整治分不开的。西湖早在唐代和吴越时期，都曾得到大力治理，能引水灌田千顷。北宋以来，由于年久失修，湖水逐渐干涸。苏轼任杭州通判时，西湖近 1/3 的面积都被葑草盖塞，等到再任杭州太守时，竟盖塞过半。苏轼向朝廷上了奏章，从西湖水有利于民饮、灌溉、航运、酿酒等方面，阐述了西湖不可废的五大理由，得到了朝廷同意，他马上发动居民大力疏浚西湖。在施工过程中，苏轼经过深思熟虑，采用了一举两得的办法：取淤泥、葑草直线堆在湖中，筑起一条贯通南北的长堤。堤上修筑六座桥，即后来称为映波、锁澜、望山、压堤、东浦和跨虹的六桥。堤上两旁种植芙蓉、杨柳，最终成为一条便捷的湖上通道。为了日后能经常及时地对西湖进行疏浚，苏轼还建立了“开湖司”的机构，负责西湖的整治与疏浚。同时雇人在湖中种植菱藕，用收入作为岁修费用。还订立禁约，建立三座石塔，规定石塔以内的湖面不许占湖为田等。“苏堤春晓”已成为今天西湖的十景之一，那三塔原址也演变为当今著名的“三潭印月”。

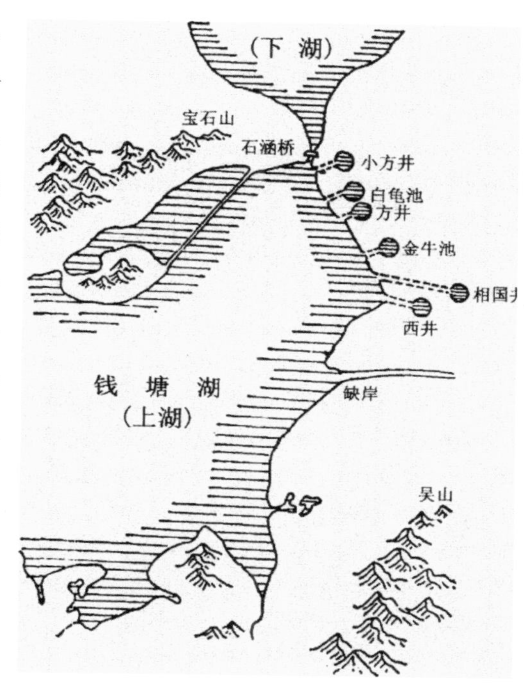

六井示意图

苏轼任颍州知州时，颍州一带连遇春涝、秋旱，老百姓无以为生，知州衙门和州库也空空如也，知州也难吃顿饱饭。苏轼一方面采取调集粮食，赈济灾民，自救互救，减轻劳役等应急的救灾措施；另一方面还注意和实施了兴修水利，发展农业生产的长远措施。苏轼在颍州水利上主要办了三件事：一是阻止了八丈沟的开挖工程；二是疏浚清河；三是整治西湖。八丈沟是前任地方官设计的一条从陈州境内开始的长350里的渠道，想夺颍入淮，排泄陈州大水，并已六处分段动工开挖。苏到任后立即对颍河、淮河进行全面考察，他咨询了州县官吏和农民父老，又查证历史资料，终于取得了系统的水文、地势资料，得出淮河泛涨的水位高于八丈沟上游，这样一来，开八丈沟既解除不了陈州水患，而上、下游来水也必然在颍州横流，使颍州加倍受害。同时，他又重新核算了开挖八丈沟所需的工费，发现原计算的都不属实。于是苏轼紧急上奏朝廷，并很快得到依允，从而停止了劳民伤财、有害无益的八丈沟开挖工程。颍州城西南有条清河，由于年久失修，泥沙壅塞，苏轼便开始整治清河。他率领吏民疏浚河道，沿河修筑三座水闸，在上游开了一条清沟，又建了一座叫清波塘的小水库。整个清河工程告竣后，除通航外，还可使颍州西南地表水大可泄，小可蓄，并能灌溉沿河两岸60里的农田，起到了综合利用的作用。接着，他又浚治了颍州西湖，使之成为闻名遐迩的风景游览胜地。

苏轼的一生政治生涯跌宕起伏，但是他兴修水利却一直未停止过，而他之所以重视水利建设，并卓有成效，是与他用心体察民间疾苦，深知水利兴废和政事兴衰的密切关系分不开的。

赛典赤

经划水利造陂池，开通灌溉备水旱——赛典赤与滇池水利

赛典赤·瞻思丁是元代优秀的政治家，他政绩卓著，为元经济、文化、教育、宗教、民族等事业，做出了杰出贡献，而他最大的功绩还是主持兴修昆明水利，在中国水利史上留下美名。

赛典赤任云南行省平章政事时，进行了许多重要改革，并清查户田，整顿赋役，整理货币，赈灾恤苦，屯田垦荒，安抚流亡，设立州、县学堂，提倡儒学。这些措施有效地促进了云南地区的全面发展。为了发展农业生产，赛典赤一方面大力传播北方先进的耕种技术，另一方面积极“经划水利”，提出了修建陂池预防水旱灾害的正确主张，决定把开发滇池水利放到重要地位。滇池在西汉末年曾得到过水利开发，但滇池地区的水灾历来也很严重，四周群山之水都汇聚到池中，唯一的排水口海口又淤积严重，夏秋多雨季节常常淹没滨池农田，甚至造成上游盘龙江水遭受顶托无法下泄而漫过昆明城墙的灾害。赛典赤经过周密的调查规划，决定对滇池进行大规模地整治。他把整个工程分为两部分进行，首先是对海口河的疏浚。赛典赤把久居云南、熟悉情况的大理等处的巡行劝农使调来昆明，率领民夫疏浚了长20余里的河道，清除出水口的淤泥、砂石后，挖开河中的鸡心、螺壳等数处险滩，使滇池水可顺畅流入金沙江，泄水量大增，湖面下降，避免城市被淹，并涸出良田1万多顷。接着又整治盘龙江等河道。盘龙江流经山区，在松华山谷进入昆明坝子。上游江水湍急，挟带大量沙石，进入坝子后，流速减缓，沙石便沉降下来，使河道宣泄不畅，导致灾害发生。赛典赤亲自组织民夫首先疏浚河床并加固堤岸，然后修渠将昆明东北号称“邵甸九十九泉”的水引入盘龙江。这样一来，原来因为泉水没有去路而淹没的土地可以恢复，引水沿途还可用以灌溉。接着，又在松华山谷新建了松华坝，一方面抬高了盘龙江水位，分水进入金汁河灌溉农田；另一方面在汛期又减少了盘龙江泄量，提高了防洪效益。同时，对金汁河进行了扩建，并配造小闸10座，涵洞360个，以形成自上而下轮流灌溉。

滇池、松华坝示意图

施工中，还进行严格的工程管理，规定工程设施如果遇到崩塌水浸等紧急情况，要马上飞书上报上司，组织挑补修竣，不容怠缓。这是云南水利工程管理的首见记载。为了减轻上游的洪患威胁，他还在“六河”上组织开挖分水支河和地下暗沟等辅助设施，用以分泄洪水。这次治理工程历时三年，工程完工后，滇池水利面貌焕然一新，滇池周边地区一片富饶景象，直赛江南鱼米之乡，史籍上说是到了牛马成群、狗也吃肉、鱼虾之多可拿来肥田的地步。随着农业生产的发展，昆明等城镇也随之发展和繁荣起来，自那时起，昆明就成了云南的政治、经济和文化的中心。

赛典赤于滇池水利工程完工的次年去世，元世祖忽必烈追念他的贡献，封他为咸阳王。昆明老少连日痛哭，各族人民对他也称颂不已，并树立碑碣纪念。直至今日，人们还以诗文戏曲传唱其政绩功德，在昆明城三市街口还建有忠爱坊永久纪念他。

水防用尽几年心，只为民生陷溺深——汤绍恩修建三江闸

汤绍恩是明代人，历任户部郎中、安德知府、绍兴知府、山东右布政使等职，为我国古代著名的水利专家。

汤绍恩在绍兴任知府期间，修建了我国古代规模最大的挡潮排水闸“三江闸”。我国江苏、浙江、福建和广东等省因地处沿海，每年受潮汐的影响很大。潮水轻则侵蚀海岸，恶化土壤，破坏农业生产，重则直接威胁人民生命财产的安全。浙江钱塘江河口呈喇叭形，海潮倒灌，潮水在行进过程中受地形收缩影响，潮头陡立，最大潮差可达八九米以上，形成“滔天浊浪排空来，翻江倒海山可摧”的景观，但也会带来极大的危害。历代都曾在沿海修建水利工程，变害为利，如东汉马臻修筑鉴湖，解决了钱塘江南岸萧山、绍兴平原上农业的灌溉和排涝问题。唐代在绍兴一带建设100多里长的海塘，抵御海潮的破坏，还修建越王山堰、朱储斗门、新径斗门和玉山斗门等蓄泄设施来排泄内涝，节蓄淡水，发展灌溉。但从宋代开始，鉴湖已逐渐失去了作用，玉山斗门泄水能力显得有限，萧山、绍兴平原的潮涝旱灾也日趋加重。

三江闸现貌

汤绍恩任绍兴知府后，正赶上大雨连绵，湖水泛滥冲垮堤坝，绍兴老百姓深受水灾之苦。汤绍恩体恤民情，亲自去察看山川地势，了解河道流向，遍察了萧山、绍兴平原的地理、水道。他经过详尽的考察发现，会稽、山阴、萧山三县之水，均从钱塘江、曹娥江、钱清江汇流的三江口入海，但是由于潮汐作用，三江入海口处泥沙堆积如山，

使洪涝水不能外泄，因此造成水患。而三江口有彩凤山与龙背山两山对峙，经过地质勘察其地下有石头根基，正是建闸挡潮的好地方。于是，汤绍恩决定在三江汇合的彩凤山与龙背山之间建造一座挡潮大闸。为了早日建成三江闸，汤绍恩发动山阴、会稽、萧山三县民众出钱出力，为筹钱筹款费尽心机，先是亲赴省衙，鞠躬作揖请求国库拨款。拨款不够，他又发动官绅贤达解囊捐助，他自己带头捐献官俸。三江闸建筑初期，为填塞水口，动员了 4 县几万民夫，有些民夫还得日夜轮流作业，吏民怨声载道，汤绍恩他力排众议，矢志不移。在修筑保护三江闸的新塘时，出现了屡筑屡溃的情况，此时人心不安，众说纷纭，有些人甚至不告而退。他却毅然立下誓言：如建不成大堤，我愿以自己的身躯一同葬之于滔滔东流。在建闸过程中，汤绍恩身先士卒，殚心竭虑，几至呕血。历经曲折与艰险，6 个月后三江闸历完成，闸身全长 50 丈，宽 3 丈，共 28 孔，各孔闸门高度自 1 丈 6 尺至 2 丈余，因应上天 28 星宿之意，又称“应宿闸”。三江闸施工时在活石上凿榫相互维系，灌以生铁，再铺以阔厚石板，每块重千斤以上的巨石牝牡相衔，用灰秫黏接，十分牢固。一般铺八九层巨石板，多的则有十几层，共有闸墩 27 座。墩两端打磨得形如梭子，以顺流水。墩两侧刻有闸槽，以安置内外两层闸门。闸底有石槛，闸上有石桥，大闸两端修堤 400 丈与东西海塘相连，构成一体，闸门依据水则及时启闭，由三江巡检代管。

三江闸的功用是十分显著的，增强了外御潮汐、内则排涝蓄旱的作用，使萧绍平原 80 万亩农田的水旱灾害锐减，1 万多亩卤地成为良田沃土，保护了这一带的环境，还为航运、水产等行业创造了有利的条件。自北宋末年鉴湖被废造成洪涝灾害以来，山阴、会稽的水利面貌又一次得到了根本改变，潮汐出没的沼泽平原，被改造成为富庶的鱼米之乡。三江闸给当地劳动人民带来了稳定幸福的生活，人们非常感激这位知府大人，在他病逝之后，三江闸旁专门为他修建了寺庙，时时祭祀他。三江闸后经历代维修，发挥效益近 450 余年，至今仍然保存完好。1979 年，绍兴人民又在三江闸北五里处，另建成了正常泄水流量为 528 立方米每秒的大型现代化水闸——新三江闸，三江闸遂完成了它光辉的历史使命，成为浙江省历史文物长期保存下去。而 1987 年新建的连接三江闸左侧的大桥，被绍兴县人民政府命名为“汤公大桥”，正是为了纪念汤绍恩对绍兴人民作出的贡献。

兴废攸系民生，修浚并关国计——鄂尔泰的治水成效

西林觉罗·鄂尔泰是清代人，历任布政使、巡抚、总督等职，官至军机大臣兼理侍卫内大臣、议政大臣。他在职期间，注重水利，曾提出水利为地方“第一要务”的主张，尤其对云南的水利建设作出了巨大贡献。

鄂尔泰画像

鄂尔泰任江苏布政使时，曾几次查勘太湖，提出了疏浚太湖下游的吴淞、白茆等河流的治理措施，还编辑书籍售卖用以购买谷物，分别储存于苏、松、常等地，用作兴修水利和水旱灾害赈贷的储备。鄂尔泰任朝廷的农书总裁期间，曾详细调查直隶的河道，提出了整修永定河的全面规划。

鄂尔泰在总督云南、贵州、广西期间，他的治水成效更为突出。鄂尔泰到云南后，看到不少州县经常是水旱灾害不断，米价昂贵的状况，即使是水土资源条件较好的滇池地区也不富饶。由此，他提出了“地方水利为第一要务，兴废攸系民生，修浚并关国计”的主张，要对湖海江河及沟渠川浍因势疏导，尽力开通，取得效益。为此，鄂尔泰做了许多实地的调查研究。经调查他认为，在云南兴修水利，要从跬步皆山、田少地多的实际出发，针对不同地区的气象、地形和水资源等自然特点，因地制宜地筹划和安排工程项目。在其任职期间，经他筹划、部署或督促的州县兴修了不少水利工程。他责成宜良知府开辟一条新渠，使高地得以灌溉，洼地得以排涝；他饬令镇南州知州将年久失修、业已报废的千家坝水利工程重新修建，疏通渠路，使之重新发挥效益；他发公文让河阳、江川和宁州知府募夫疏浚抚仙湖海口河排水工程，重建二坝，取得了涸出3000余亩良田、大获丰收的显著效果。

对于一些效益大、投资多、复杂艰巨的工程，鄂尔泰特别慎重其事，详细勘查，委托或指定官员专职办理。元代在滇池上游盘龙江上兴建的松华坝及其下游的六河，是明清以来云南最大的灌溉工程体系——“溉田万顷”。松华坝位于府城昆明之北，位置十分重要。这项工程河渠长，灌区广，效益大，涵、闸、堤、埝、桥等建筑物繁多，所以

自元以来的历代官吏对这项工程的改建、扩建、岁修和管理都比较重视。鄂尔泰对滇池进行了集中治理，对入滇池的六河进行了疏浚、修堤、建闸，共作 46 项工程。在滇池唯一的通道海口河，鄂尔泰亲自驾船巡视，用竹竿探测水深，掌握第一手资料后，重点清除了历史上未敢触动而横于河心的老埂、牛舌滩和牛舌洲 3 处岩石滩渍，并在海口建设屡丰闸 10 孔、新河闸 10 孔、中滩闸 4 孔，大大增加了滇池的泄水能力，并涸出许多膏腴田亩。还确定每年的维修经费为 800 两银子，加强管理养护工作。南盘江的重要支流泸江可灌田 70 里，效益很大，但是沿途穿岩洞 10 余处，由于岩洞内有 13 重石埂阻隔，沙滞泥淤，水泄不畅，不但不能发挥效益，而且每遇夏秋暴雨，常常溃决堤岸，淹没田庐。鄂尔泰派官吏开凿，自己也深入现场，动员百姓，清除了洞内积石，并疏浚河道培固河堤，密植柳树，从此泸江变得有利无害，沿途禾稻丰产。

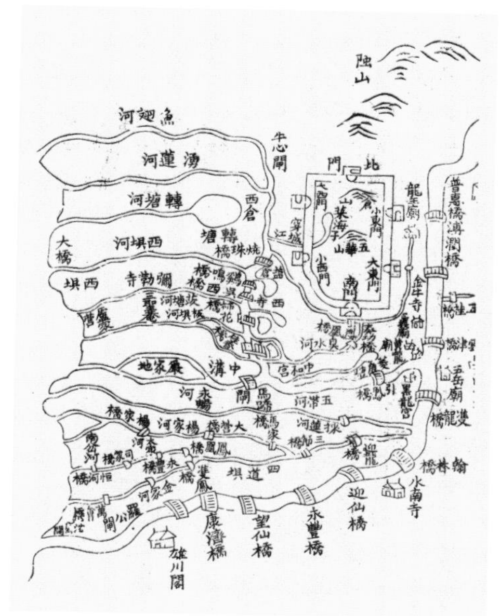

光绪六年绘云南省城六河图说
盘龙江图

在治理云南水利过程中，鄂尔泰认为，自元明以来虽沿袭旧制，设有粮储水利道的省级机构，但与水利事业的发展形势很不相辅。为了云南省治水能够更加高效稳妥，鄂尔泰报经朝廷同意，全省有水利地方的同知、通判、州同、州判、经历、吏目、县丞、典史等官均加水利职衔。这项措施虽没有专设水利官之职位，但以地方副职官员兼任各地最高水利行政长官的制度建设，大大提高了各地方官员对水利的重视，从而增强了地方官员的治水责任感和使命感，在人事方面为地方治水奠定了良好的基础，有力发展了云南少数民族地区的治水能力和农业生产力。

鄂尔泰还很注重总结经验教训，对于前代留传下来的水利建设、岁修与管理等方面的制度和办法，他同府、州、县官民一道认真研究，有的沿袭，有的改进，有的革除。他还有不少著作，如他撰写的《临安修河教》《修竣海口六河疏》《云南水利疏》等都是水平较高的治水工作总结，特别是《云南水利疏》，对自清雍正三年至九年间云南省的水利建设成就、较大工程的布局、实施办法及效益、存在问题及今后的规划打算，均作了分析研究和阐述，堪称云南水利史上的一篇名著，对现代水利工作者仍有借鉴作用。

据统计，鄂尔泰仅在云南、贵州两省的 20 多个州县共扩建、改建、重建与新建各类水利工程 84 项，占全国这一时期兴办水利工程的 30%。其中绝大部分效益显著的水利设施，都得力于他，对这些地区抗御自然灾害，促进农业生产，发展航运都起到了一定的作用。所以后人有“元代则赛典赤，清代则鄂尔泰，厥功至伟”的赞誉。

今朝开坝息畚锸，且喜百年民患除——陶澍与江南水利

陶澍是清代经世派的主要代表人物，历任安徽、江苏等地巡抚，官至两江总督。他不仅在治政、理财、救灾、改革盐政等方面都有建树，在治水上也取得了很大成绩。

1823 年，陶澍任安徽巡抚。当年长江发大水，安徽沿江 30 多个州县堤圩被水冲垮，田园房屋尽皆被淹没，灾情十分惨重。陶澍接连发布《安徽水灾布告》，制定切实可行的救灾政策，并派出官员到湖广、四川、江西等地收购大米，减价平粜，还劝说富人捐助资金，救济灾民。同时，陶澍亲自深入安庆等重灾区勘察，动员人民生产自救，重建江坝，保卫田庐。经过这次水灾的惨痛教训，陶澍深感兴修水利是攸关民生的大事，决心筹办安徽水利。这年下半年，他深入涂山、八公山，登高俯看全淮地形，并踏勘寿州城之西湖，郭塘之郭塘陂、荆山口，凤阳之花源湖，凤台之焦岗湖及滨江各圩垸，掌握第一手资料，作出了治水规划。随后，陶澍向道光皇帝上奏安徽的治水方案，主张提高洪泽湖的蓄水量，把寿州境之城西湖，凤台县境之焦岗湖，凤阳县境之花源湖都引入淮河，再在淮河两岸筑堤束水，而修水利的经费则可以采取民办官助的办法。陶澍的治水方案得到了道光皇帝的赞赏和批准，于是，他便及时督饬各州、县组织力量，大兴水利。

除了治理三湖外，又疏浚了怀远新的涨阳水沙洲，并开挖引河，将上述湖水导入淮河。在淮水所流经之处，劝说老百姓修堤束水，还在沿长江各县计亩出夫，修筑堤防，保障农田。在他的劝导下，共计修建铜陵县边江老坝 60 余里，望江县妙光图等圩堤 3300 余丈，验收之后，陶澍对为修堤出力人员记功，对捐巨款绅士送匾奖励，大大调动了各地吏民兴修水利的积极性。接着，他又督饬各县设丰备仓，让老百姓秋收后自愿捐献谷物，为今后兴修水利筹储资金。

1825 年，陶澍调任江苏巡抚，到任后继续致力于兴修水利、治理水患。他调查了吴淞一带水利情况，上奏皇帝，提出了续办吴淞江水利的方案。具体施工方案是：石闸

有害无益，应行拆除。其间前后所积泥沙并沿江弯曲浅滩，均应设法疏挑。不久，道光皇帝即批准了陶澍这一方案，并谕知两江总督协助办理。1827 年陶澍会同两江总督筹议治理吴淞江，他和地方官员往返勘察，制定计划，估算土方，组织劳力，筹划资金。通过周密规划，定出了施工方案。从青浦县头坝至上海县拦潮大坝，分工由各县承挑，并订出奖惩制度。10 月，疏浚吴淞江工程相继动工，陶澍督促各地，深挖河道，将挑出之泥筑成堤堰。1829 年 2 月，吴淞江疏浚工程竣工，陶澍乘船亲赴工地验收，震泽下游诸水可以宣泄，达到了满意的效果。为了表达喜悦的心情，陶澍作长诗一首，记述吴淞江放水盛况："今朝开坝息畚锸，万人邪许闻欢呼。涛头一线立海色，恬有静绿先平铺。樯帆乘风行客乐，鱼龙得意争归墟。推波助澜势未已，且喜百年民患除。"1829 年上半年，陶澍又主持兴办了练湖工程，先在两岸修筑堤埂，再修复黄金闸，使水归入下练湖，使练湖有农田水利之功，又有漕船运输之利。

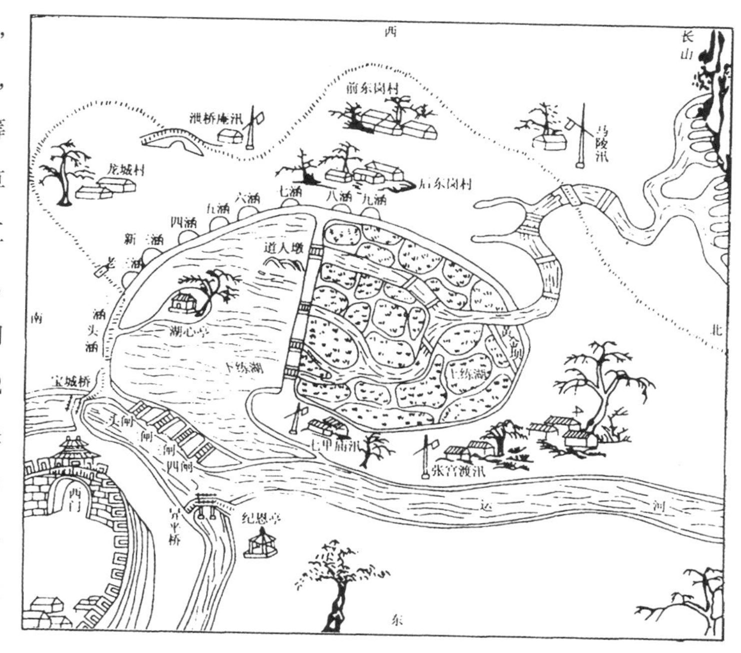

练湖图

1830 年陶澍升任两江总督，统辖三省。到任后，陶澍便开始治理江苏的孟渎、得胜、澡港三河，又积极筹划挑浚浏河、白茆河工程。浏河、白茆河疏浚工程完成后，不仅对宣泄洪水有巨大成效，而且当年该地获得百年未有的大丰收，老百姓非常高兴。这些工程，利国利民，造福后代，千秋称颂。在他为官过的地方，民间流传着不少故事，《陶澍私访南京》作为淮剧的传统保留剧目，百看不厌，常演不衰。

水道多一分疏通，田畴多一分之利——林则徐的治水业绩

林则徐是晚清时期著名的民族英雄，以其禁烟运动和抗英斗争的爱国业绩而彪炳史册，为人们所崇敬。同时，他还是一位功绩卓著的治水名臣，在近 40 年的宦海生涯中，他历官 13 省，从北方的海河到南方的珠江，从东南的太湖流域到西北边陲的新疆伊犁地区，各地都留下了他治水的足迹；并且写下了《畿辅水利议》及大批有关治水的奏折。

林则徐治水时间之长，投入精力之多，贡献之大，是清代其他封疆大臣难以比拟的，在历史上也是少见的。

1820年，林则徐受命江南道监察御史巡视州县，考察官吏。林则徐在署衙倾听到下属禀报河工员弁中营私舞弊、大搞垛料投机之事，不禁勃然变色，当晚便带领随员直奔仪封工地。在仪封黄河工段上，林则徐逐一查巡险工，询问工地上的河员、堡夫、民工，了解河工秸料的购买、使用、验秤、运输、堆垛等详细过程，发现有人大搞垛料投机，哄抬料价，致使民工停工待料。他即奏准朝廷交料物按平价购买，杜绝中间盘剥。他整治贪官，一时间工地上下，料垛为之一新，仪封险工也迅速得以修复。同年八月，林则徐调任杭嘉湖兵备道。到任不久，就查勘了保障滨海良田的海塘工程，发现旧海塘属病险工程，遂捐出廉银充作修塘经费，并委任海盐知县进行加固。经过整修之后，新塘比旧塘增高二尺多，而且又加添了坚厚的桩石，极为坚牢。

1822年，林则徐出任江苏按察使，次年五月，江苏全省大雨导致滂江河横溢，淹没了30余州县，饿殍遍野，惨不忍睹。林则徐亲自深入重灾区，察民情恤贫危，大大安定了民众情绪。1824年，林则徐接任江宁布政使，又兼署江浙两省七府水利总办官。林则徐经过考察认识到，江苏去年造成水灾，主要是太湖出水道的吴淞江、黄浦江、娄江及白茆河久淤不畅所致，要保证今年和以后不再成灾，必须赶在冬春季节修浚三江一河。林则徐兴办工程心切，四处筹借经费。经费筹齐之后，三江一河同时兴工，林则徐奔忙于工地，勤于职守，万众一心，疏浚工程如期完成。1825年，地处黄、淮、运交汇处的高家堰13堡和山盱6堡发生溃决，10余州县都被水淹，而且导致漕运不通。1826年，道光帝命林则徐赶赴河南督修堤工。林则徐日夜兼程赶到高家堰，投入抢险，赤脚奔走于泥泞工地，督修险工，工程历时近半年即告竣工，而林则徐却因劳累过度而病倒了。道光1827年冬，林则徐因父亲病逝而丁忧3年，丁忧期间，林则徐仍念念不忘水利，帮助家乡整修了西湖，挖取淤泥增深湖水，沿湖砌石岸，

林则徐奏报修筑塘工估需银数折

并在湖岸种植梅，保持水土，增添秀色，湖周稻田也因此恢复灌溉3000多顷。不但恢复了濒于湮塞的水利工程，而且建成了著名的风景旅游区，百姓交口称赞。

1831年10月，由于林则徐政绩卓著，治水有方，擢升为东河河道总督，专管河南、山东的黄河、运河河务。上任后，林则徐不顾天寒地冻，奔走于闸河上下，对河势工情反复查勘，历时月余。他身为河督大员，对施工路上抛撒泥土这类具体问题也严格管理，还大力推广抛石新技术，这是晚清河防工程的一大进步。1837年，林则徐升湖广总督。面对湖北境内每到夏季大河常常泛滥成灾的状况，林则徐采取有力措施，提出“修防兼重”的主张，使江汉数千里长堤没有一处漫口，对保障江汉沿岸州县老百姓的生命财产，做出了不可磨灭的贡献。在鸦片战争中，由于投降派的诬陷，民族英雄林则徐被扣上“办理不善”的罪名革职降级，充军新疆伊犁。1841年，在他去新疆途中，黄河于祥符（今河南开封）31堡发生溃决，由于河官和地方大员抢修不力，堵口无方，致使滔滔黄流围困省城，继而使豫、皖5府23州县沦为泽国，哀鸿遍野。皇帝下特令让林则徐折回东河将功赎罪。林则徐赶到祥符工地后，随即深入决口河段查看险情，提出具体堵口方案。施工中，林则徐呕心沥血日夜奔波于工地，与民工同商议，共甘苦，督促进度，强调质量。由于过度劳累，几次鼻疾复发，血流不止，又患腹泻，却始终坚持在堵口第一线。到次年2月，堵口全部合龙，河水由引河回归故道，工地之上一片欢腾。

1842年林则徐抵达伊犁，从而开始了他的谪戍生活。林则徐不顾长途劳累，第三天一早便出去巡查，发现伊犁气候温和，土壤肥沃，一望无垠，适合农业生产。他当即就给伊犁将军布彦泰写信，提出兴修水利，开发屯田，加强军训的主张。布彦泰奏朝廷批准，令林则徐辅佐喀喇沙大臣全面督办屯田事务。林则徐从修渠引水入手，开凿了长240里的伊犁河渠。垦复了伊犁城东的废地，自己还主动认修首段工程。1844年，林则徐从伊犁奔赴南疆开拓屯田的工作，历时一年，疏浚水源，开辟沟渠，一共垦田689780亩，创造出惊人的奇迹。在伊拉里克，他协助少数民族大修沟渠，使高山雪水穿过沙漠，灌溉农田。在吐鲁番盆地，林则徐对坎儿井的型式和效益予以高度评价，并大力推广，一下子新修了60多道，为历史上的2倍，使许多荒芜已久的土地变成沃壤。为感念林则

林公井

徐这一功绩，百姓把坎儿井改称为“林公井”，赞誉他是“吾乡之伟大人物哉！并树立碑刻，让世代传颂。

治水方略与国家政治制度

善为国者，必先除水旱之害——管仲治水与治国安邦大计

管仲是春秋时期齐国人，任齐国国相 40 多年，实行了政治、经济、军事等多方面的改革，使齐国国力得以迅速增强，辅佐齐桓公成为“春秋五霸”之首。管仲不仅是当时著名的政治家，还是著名的治水专家。他特别强调水利的地位和作用，把兴修水利看作是治国安邦的根本大计。

有一次，管仲与齐桓公一起探讨治国方略，管仲进言说，水和旱都是对经济发展和社会稳定造成严重影响的自然灾害，特别是水灾危害最大。治理国家必须采取措施消除水旱等自然灾害，才能确保百姓安居乐业，国家繁荣昌盛。这是我国历史上，第一个提出治水是治国安邦头等大事的政治家。管仲认为要根据不同水源的特点，采取相应的工程措施，兴利除害，使其为灌溉和航运服务；治理水害必须防患于未然，统筹规划，综合治理；应设置水官，选拔对水利工程技术比较熟悉的人员担任。

管仲画像

关于农业灌溉，管仲提出引水灌田要顺应水往低处流的特性，采取相应的工程措施，如在上游修建堰坝，选择渠道的合理坡降，使水沿着渠道顺着地形向农田流去。他主张，水利工程的施工民工要从百姓中抽调，被征派治河的，可代替服兵役。冬天就要备好筐、锹、板、夯、土车等施工用具和柴草埽料，以作夏秋防汛之用。这样，才能调动各方力量，齐心合力投入到治水中去，并做到有备无患，常备不懈，万无一失。

管仲根据齐国的气候特点，认为春季是组织农田水利建设的黄金季节，要利用这个大好季节兴修水利，构筑堤防。这些原则，直到今天还在应用。管仲还对城市水利作过专门研究，有着十分精辟独到的见解，如都城或城市的位置，不要很高也不要太低，高了取水困难，低了不容易防洪排涝。城市建设布局要因地制宜，视地形和水利条件而定，不必拘泥于一定的建筑模式。

春秋时期诸侯争霸非常激烈，为了发动兼并战争，各国纷纷实行改革，加之铁制工具的应用，牛耕的推广，农业生产有很大的发展，水利建设应运而兴，从而在水利工程的规划、设计、施工和管理等方面，积累了丰富的实践经验。管仲的这些论著，可以说是我们祖先与水斗争的经验总结，是古代劳动人民勤劳智慧的结晶。他的理论和思想对后世影响很大。后来，管仲的文论被一些崇奉管仲的学者搜集整理，并阐发自己的主张，经过不断丰富和发展，最后积累集结成《管子》一书，涉及自然科学和社会科学的许多方面。其中有关水利问题的论述集中在《度地》《乘马》《水地》等篇，为我们研究春秋时期的治水经验提供了丰富的史料。

滞洪改河，筑渠分流，缮完故堤——贾让治河三策

西汉后期，水利长期失修，水旱灾害不断，尤其以黄河灾患最为严重。公元前 7 年，朝廷下诏面向全国征集治河方案，贾让应诏上书，提出了中国历史上著名的治河三策。

贾让的治河理论不是纸上谈兵，而是有的放矢。在上书以前，他曾仔细研究了前人的治河历史，并亲自到黄河下游东郡一带进行了实地调查。通过调查他分析总结说：战国时齐国与赵、魏两国以黄河为界，齐地修筑的大堤距离黄河水 25 里。为了避免河水泛滥危及自己，赵、魏也修筑距离河 25 里的大堤。这样一来，黄河就有 50 里的相对宽阔的河道，在汛期涨水的时候，水还可以在河道内或左或右流动，不至于决堤伤民。如今沿河居民不断与河争地，在原大堤内再筑新堤，在大堤中间居住生活，从而使大堤距离河水越来越近，最窄者的地方离水仅有数百步，远的也才数里，河道变得十分狭窄，汛期涨水的时候河水就会向左或向右冲击大堤，存在着严重的隐患。一旦高出民居的河水冲垮大堤，便会屋毁人亡，酿成大水灾，所以形势十分严峻。经过这番分析，贾让的结论是：不能与水争地。与水争地，人们必然要修堤坝，使河道变窄，或人为地改变黄河的走向，致使水流湍急，这正是水灾的隐患。当然，贾让在这里所提出的“不与水争地”的治水原则，是把河水控制在一定范围，为人类争得相对安全的生存空间。

在调查分析的基础上，贾让提出了他的“治河三策”，即上中下三种不同的治河策略。上策是：提前把靠河的居民迁徙走，然后扒掉黎阳遮害亭一带束缚河水的大堤，

贾让治河三策中策的分水门示意图

让黄河水自行向北流入大海。由于黄河西临大山，东邻金堤，势必无法泛滥很远，一个月以后就自己安定下来了。朝廷只需拿出几年的河堤修缮费来安顿迁徙的百姓，就可以免除千年的水患，让百姓安居乐业，也不用每年耗费巨资治河，所以说这是一个上策。中策是：在冀州采取穿渠分水，不但可以灌溉农田，还可以分杀水怒，以解决洪水之忧。这一策略主要是通过修筑分水渠和高低水门，汛期时打开高水门把多余的洪水引进漳河，经漳水复入黄河后入海，从而减轻下游河道的泄洪负担。当旱期到来时，打开低水门就可使河水缓缓流进渠中，通过分水门灌溉冀州的田地。贾让认为这个规划尽管效益比不上上策，但是一旦实现，也能够兴利除害，富国安民。下策是：继续加高培厚当时黄河两岸的堤防，而不采取其他治理的办法。在贾让看来，如果还是一味照旧去加高培厚旧堤防，至多只能在短暂的时间内稍微缓和严峻的河水形势，最后的结果必然是导致更加严重的局面，造成黄河又一次大改道。所以即使花费无限的劳力和财力，也难以改变黄河常年泛滥危害于人民的状况，因而只能作为治河之下策看待。

贾让的“治河三策”是从思想上反映了当时人们对黄河的认识水平，是汉代人民治黄思想的精华，他的治河策略对后世治河产生了重要影响，是古代治河思想方面的重要遗产之一。

筑近堤以束水流，筑遥堤以防溃决——潘季驯治黄思想

潘季驯是明代杰出的治河专家，从 1565 年至 1592 年的 27 年间，他曾 4 次出任总理河道（官名，明代主持治河的最高官员），负责治理黄河、运河将近 10 年之久。在长期的治河实践中，他认真吸取前人认识黄河、治理黄河的积极成果，全面总结了中国历史上治河实践中的丰富经验，形成了一套系统治黄理论，是明代治河对后世影响最大的人物之一，深刻地影响了后世的治黄思想和实践，为我国古代的治河事业做出了重大的贡献。

明朝自迁都北京后，京杭大运河便成了赖以维持统治的南北交通大动脉。而京杭大运河淮安至徐州 500 里一段以黄河为运道。长期以来，朝廷一直把保证大运河畅通作为治黄的方针，加上保护凤阳、泗州的朱氏祖陵不被浸灌的“护陵”任务，提出了“首虑

祖陵，次虑运道，再虑民生”的治黄方针，采取了“北堵南疏”和传统的“分流杀势”的治黄方略。所谓“北堵南疏”，就是修筑加固朱氏祖坟所在一岸的大堤，而任凭黄水向另一岸泛滥。所谓“分流杀势”，就是把黄河水向多处分流，以减轻洪水对运河的威胁。这种消极保运的治黄方略不仅不能兴利，反而种下了更大的祸根。到嘉靖晚期，也即潘季驯治河前夕，黄河下游在徐州以上竟一度分岔13股南下，河患十分严重。1565年7月，黄河在江苏沛县决口，沛县南北的大运河被泥沙淤塞200余里，徐州以上纵横数百里间一片泽国，灾情空前严重。当年11月，朝廷第一次任命潘季驯总理河道，协助工部尚书兼总理河漕朱衡开展工作。潘季驯上任后，提出“开导上源，疏浚下流”的治河方案，但朝廷只同意“疏浚下流”。他配合朱衡，指挥民工，全力投入紧张的治河工作，尽管曾遇大水决堤，但治河工程最终大功告成。1570年8月，由于黄河先后在沛县、邳州决口，潘季驯第二次被任命总理河道兼提督军务。他提出“加堤修岸”和“塞决开渠”两种办法，亲自督率民工堵塞决口，解除了河患，疏浚了淤河，并恢复了旧堤，使河道深广如前，漕运大为畅通。1578年2月，在张居正的极力推举下，神宗皇帝亲自任命潘季驯为都察院右都御史兼工部侍郎、总理河漕兼提督军务朝廷，并诏令黄、运所经过的河北、河南、山东和江苏4省巡抚一律听从潘季驯的指挥，有功劳者，可由潘季驯直接保荐升赏。潘季驯到职后，经过实地勘探，很快提出了一个治理黄、淮、运的全面规划，用了不到两年时间，对河道进行了一次大规模的整治活动。经过这次大治之后，出现了“两河归正，沙刷水深，海口大辟，田庐尽复，流移归业”“漕运畅通”的大好局面。这次治河活动，是潘季驯治河生涯中最辉煌的一个历史时期，他的“筑堤束水、借水攻沙”的著名理论在实践中得到了最为充分的发挥。1588年，潘季驯第四次出任总理河漕职务，更加重视堤防建设。他认为“治河有定义而河防无止工”，即治河无一劳永逸之事。并提出了利用黄河本身冲淤规律实行淤滩固堤的措施。这次治河对恢复运河畅通和发展农业生产都起到了很大的作用。潘季驯一生4次治河，前后总计近10年之久，在明代治河诸臣中是任职最长的一个，使他在治河中取得了显著的成就。

潘季驯画像

潘季驯最重要的贡献，当属他的“束水攻沙”的理论。分流与筑堤历来是治河争论的重点，古有大禹治水的成功经验，后有贾让的治河三策，所以自古以来“分流杀势”之议甚盛。及至明朝，在潘季驯治河之前，这种论点也一直占优势地位，认为只有采取分流的办法，才能杀水势，除水患。但是持此论者只看到了“分则势小，合则势大”，却忽视了黄河多沙的特点。由于黄河多沙，水分则势弱，从而导致泥沙沉积，河道淤塞。于是，潘季驯的合流论应运而生。潘季驯进一步发展了前人的认识，经过多年深入的调查研究，针对黄河的特点，明确地提出了“筑堤束水，以水攻沙”的理论。所谓“束水攻沙”，就是根据河流底蚀的原理，在黄河下游两岸修筑坚固的堤防，不让河水分流，束水以槽，加快流速，把泥沙挟送海里，减少河床沉积。在潘季驯第三次总理河道时，许多人反对筑堤束水，怀疑黄、淮合流，水量增大，会使决口和泛溢更加严重，主张“分流杀势”，多开支河，分流防洪。对此，潘季驯解释说，分流诚能杀势，但这个办法只适用于水清的河流，而对黄河则不适用。潘季驯深刻地阐明了黄河的特性，以及水与沙、分与合、塞与导的辩证关系，“束水攻沙”的核心突出治沙，从而实现了治黄方略由分水到合水，由单纯治水到沙、水综合治理的历史转变。由于这一理论的提出，改变了过去只靠人力和工具传统的疏浚方法，使潘季驯在治河实践中取得了巨大的成就。为了达到束水攻沙的目的，潘季驯十分重视堤防的作用。他总结历代劳动人民的实践经验，创造性地把堤防工程分为遥堤、缕堤、格堤、月堤四种，因地制宜地在大河两岸周密布置，配合运用。经过他的综合治理，黄河河道基本稳定了 200 多年，扭转了长期分流的混乱局面，并使京杭大运河畅通。潘季驯提出的“束水攻沙”理论，对明代以后的治河产生了深远的影响。

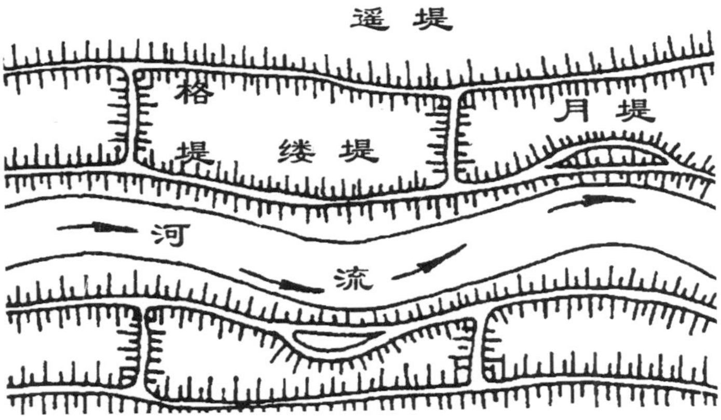

遥堤、缕堤、格堤、月堤

潘季驯在治河过程中主持建造的各种土木工程也许早已随着时间的流逝而烟消云散了，但是他在实践中所发现和总结出来的治河理论却不断跨越着历史的时空，为后人们所赞扬，所继承。

水利法规与水政管理

最早见于史载的水利法规——《水令》和《均水约束》

我国人民在与水打交道的实践中，形成了合理利用水资源的种种条例，这成了我国水利法规的起源，而我国最早形成制度且见之于历史记载的水利管理规章是西汉时倪宽的《水令》和召信臣的《均水约束》。

倪宽曾官至御史大夫，在任期间他鼓励农业生产，减轻刑罚，礼贤下士，颇得民心。为了促进农业发展，他还十分重视水利，曾主持在郑国渠上游开凿了六辅渠，用以灌溉郑国渠无法灌溉到的农田。倪宽开凿六辅渠之后，鉴于灌溉用水的混乱，在我国首次制定了灌溉用水制度，“定水令，以广溉田”。用成文的水令来管理和利用水资源，这是我国水政管理的一项创新，促进了水资源的合理利用，减少了由于争夺水资源而导致的纷争，扩大了灌溉面积。可惜由于历史的久远，倪宽的《水令》没能流传下来，因而无法得知这项制度的具体内容，仅有“定水令，以广溉田”这几个字凭后人想象。

倪宽画像

召信臣曾任零陵太守、南阳太守等职，在任期间为当地老百姓做了不少好事，政绩十分突出。特别是在南阳太守任上期间，他勤政爱民，为民兴利，亲自到乡间劝民躬耕，开通沟渠，修建水门，增加了灌溉面积，老百姓获其利而丰衣足食，几年之内人口倍增。当地老百姓十分感激他，尊称他为“召父”。召信臣主持兴修了许多水利工程，最著名的当属六门堨和钳卢陂，这两个工程自召信臣兴建后一直重修沿用到明末才最终废弃，而他修建的另一个人工渠道马渡堰至少在元代还在灌溉农田，这些水利工程都在历史上发挥了重要作用。召信臣在兴修水利的过程中发现，尽管修建了水渠，但是水资源还是很有限的，如果不加强管理合理利用，就既不能增加灌溉面积，又不能解决夺水纷争，因此他专门为灌区制定了灌溉用水制度即史书上提到的“均水约束”，并将制度条文刻在石碑上，用来管理灌溉用水，做到合理用水，有力促进了当时的农业生产。

第一部系统的水利法典——唐代《水部式》

在中国水利史上，唐代是我国水利事业发展的一个重要阶段，除了对大运河进一步改善和扩展外，这一时期农田水利也得到普遍发展，水利机械的推广使用、水准测量、水利管理、城市供水系统的提高等，对水利事业的发展和水利技术的提高都做出了重要贡献。

为了更好管理利用水资源，唐代不仅继承了前代的水利管理经验，设置专门机构和专职官吏，还制定了著名的《水部式》。现存《水部式》共 29 自然段，35 条，约 2600 余字，篇幅不长内容却很丰富，包括水利机构设置、农田水利管理，碾硙设置及其用水量的规定、运河船闸的管理及维护、桥梁的管理及维修、内河航运船只及水手的管理、海运管理、渔业管理、城市水道管理等内容。《水部式》对于黄河、洛水、灞水上的大型桥梁的管理维护，条文规定是十分细致具体的，充分保障了法律的有效执行。

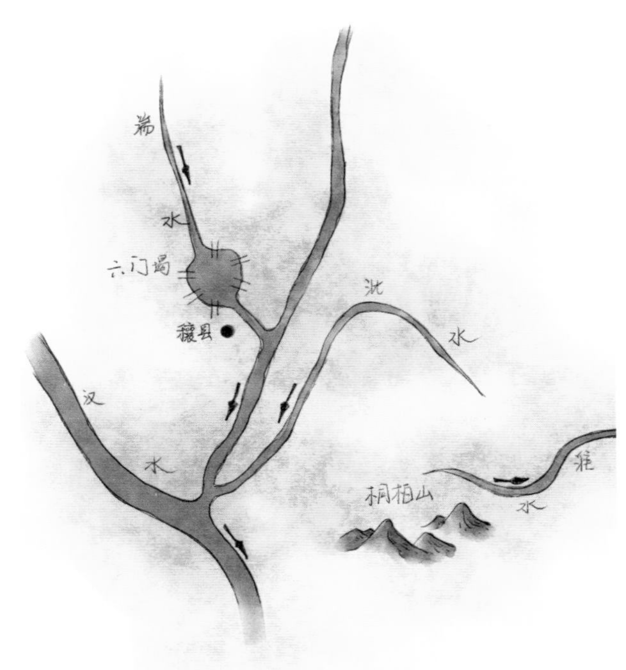

召信臣所修六门堰遗址位置示意图

《水部式》残卷中有关农田水利条款反映了唐代农田水利管理的水平，是十分有意义的。灌区管理的中心环节是制定合理的灌溉用水计划。其主要内容是，按气候的变化和作物生长的需要合理地分配灌溉用水，达到增产的目的。《水部式》有关灌溉用水制度的规定，主要包括以下主要内容：渠系上均设置斗门控制灌水流量，为了达到按比例配水的目的，必须严格控制灌溉闸门的闸底高程和闸门宽度，因而闸门的修建只能按照官府给定的尺寸进行，并需接受检验。灌区正是借助这些闸门，调节干支渠的分水比例；即使干渠水位较低，以至支渠难以实行自流灌溉时，也不得为抬高上游水位，在干渠上拦河造堰。不过，为了使支渠附近的高田能够自流灌溉，要求在支渠内临时筑堰壅高水位者，则可听之任之；灌区内各级渠道控制的灌溉面积大小均须预先统计清楚，实行轮灌，合理地安排轮灌先后次序，“溉田自远始，先稻后陆”“凡用水，自下始”。所谓“自远始”“自下始”，即灌区末端的渠道先用水，这个规定有助于避免上下游之间的用水矛盾。所谓“先稻后陆”，是在旱作与稻作相间的地区，先灌水田，再浇旱地，这又是根据作物耐旱程度的差别确定的轮灌次序。当某渠道控制范围内的田地灌溉完毕，应立即关闭该渠斗门，务必使灌区内各部分田地能够普遍均匀受益，不得有所偏废。《水部式》有关灌溉行政管理的规定主要内容有：灌溉管理的主要工作是水量控制与分配，为此专为灌溉渠道设置渠长，每座灌溉闸门另设斗门长。渠长和斗门长是灌区管理人员，主要职责是在灌水期间，按照规定的灌水定额向相应渠道分配用水量；灌区管理由政府派专员主持，灌区末级渠道的管理维修，唐代还有由受益户组成的基层组织负责；把灌区管理的实绩作为管理官吏考评的标准，凡用水得当、使当地农业增产者嘉奖升迁，反之浪费水量和配水不均者记过。

在水源不充分的情况下，农业用水和水力机械用水、航运放牧用水以及宫廷和园林用水等经常发生矛盾，因而需要按照各自的重要性，规定必要的法律条款，以保证最合理、最有价值地利用有限的水源，这些在《水部式》中均有详细规定。在唐代，妨碍灌溉效益最显著的是设置在渠系上的碾垲。《水部式》残卷中有关碾垲用水的规定有：每年正月一日至八月三十日，碾垲进水闸门必须加锁封印，以杜绝碾垲用水，保证灌溉。其余非灌溉季节或灌区内降雨较多，不需灌溉时，则可听凭碾垲自行用水，可见对于渠系上的碾垲用水的限制是很严格的；除碾垲用水外，航运与灌溉争水矛盾也很普遍，《水部式》明确规定：在同一水源上，既有灌溉又可航运时，只有当完成运输任务之后，或在水量充沛，引水灌溉不妨碍行船的情况下，方可允许灌溉。也就是说，当水源不足，航运与灌溉不能兼顾时，应首先满足通航要求，因为航运所关系的是整个国家运输动脉的畅通，牵扯政治和经济全局利益，而农田灌溉则只涉及一个地区的农业收成和社会安定。和灌溉用水有冲突的还有放牧和宫廷园林用水，《水部式》就规定灌溉用水应有节制，不得影响放牧。此外，供应皇宫用水的产水，一般也是禁止引灌的，只是在大旱年份才偶尔例外。《水部式》残卷中还有一些条文包含了有关水运、海运、桥梁、水产等方面管理维护的内容。

《水部式》作为一部专门水法，它在水利管理中有着十分重要的意义：它保护和稳定封建制度下的生产关系，协调有关各方利益，调解水利纠纷，充分利用了自然资源。从现有文献记载看，《水部式》是由中央政府作为法律正式颁布的我国第一部系统的水利法典，是唐代水利管理的一项重要创造。

四方争言农水利，古堰陂塘悉兴复——《农田水利法》

王安石是北宋时期杰出的政治家、文学家和思想家，历任知县、通判、知府、参知政事等职。他在浙江鄞县任知县时，执法严明，为百姓做了不少有益的事。他组织民工修堤堰，挖陂塘，改善农田水利灌溉，便利交通。在青黄不接时，将官库中的储粮低息贷给农户，帮助百姓度过饥荒困难。后王安石得到宋神宗重用，对北宋王朝的政治、经济、军事、文教进行过全面的改革，先后推行均输、青苗、免役、方田均税和农田水利等 10 多种新法。其中的《农田水利约束》，是王安石变法中的重要内容之一，是我国第一部比较完整的农田水利法。

王安石画像

《农田水利约束》又称《农田利害条约》(以下简称《条约》)，正式颁布于 1068 年。《条约》拟定前政府曾派官员到全国各地调查水利情况，同时指令各地方官府提出当地的水利建设建议并分设勘察本地水利的专职官员，把勘察结果和有关意见汇总后制定条文，以法令形式颁行全国。

据《宋会要辑稿》等文献记载，全文共分 8 条，1200 余字。其主要内容如下：

（1）支持兴修水利，鼓励为农田水利建设献计献策。《条约》规定，无论官民，均可向各级官吏提出有关农田水利的意见和建议。经勘察属实，小型工程由州县实施，大型工程则由中央政府组织实施。工程完工后，对建议人按照功劳大小进行酬奖。

（2）要求各州县要将本县境内荒废田地亩数、荒废原因、所在地点、水利状况、需修复和新建的水利设施、实施方案以及招募垦种等情况，详细绘成图册报送州府，以便全面掌握情况。要求各县对那些屡经水灾的地区作出治理规划，经上级核准后，限期加以实施。各县官吏能用新法兴办农田水利并有成效者，要给予不同的奖励，对贪污工程款项者给以严惩。

（3）规定了组织人力物力实施水利工程的具体办法。《条约》规定，所有的老百姓都应该支援水利建设，任何人不得阻挠破坏。小型水利工程的经费由受益人出工出钱，而大型工程经费，民间可向官府借钱，允许一次还不清的借贷分两次、三次归还；若官府借贷不足，允许州县富户出钱借贷，依例出息，由官府负责催还。

（4）要求各州县设专管官员负责推行《条约》，并特设都大提举淤田司，实行大规模的淤灌。

《农田水利约束》的颁布和实施，大大调动了全国人民兴修水利的积极性，出现了“四方争言农田水利，古堰陂塘，悉务兴复”的喜人景象，许多地方的百姓在新法的鼓励下，自动组织起来，自筹经费大兴农田水利，形成了一次水利建设的高潮。据《宋会要辑稿》记载，《条约》颁布六年间京畿和各路兴修的农田水利多达10793处，灌溉田亩3千多万亩，淤灌得田700多万亩，农业生产显著提高，充分印证了《农田水利约束》实施的效益。

现存最早的河防法令——金代的《河防令》

诞生于1202年《河防令》，也是我国现存最早的河防法令，它是在宋以前的治河法规基础上制定的。《河防令》共分11条，原文早佚，删节后的条文收在《河防通议》一书中。

据有关文献中记载，金元时期北京及其周围地区防洪工作日趋重要，海河流域多次发生水灾，政府也进行了修治工程，有关防洪工程及防洪管理的法令就应运而生了。1202年，金朝政府颁布了《泰和律令》，它由29种法令组成，其中一种就是著名的《河防令》。

《河防令》的主要内容如下：

（1）中央由户部、工部两个部门每年分别派出大员巡视黄河，监督和检查都水监派出的分治都水监和地方州县的河防工作。

（2）河防工作人员在必要时可使用当时最快交通工具“驰驿”，通过驿站快马传递有关消息。

（3）各州、县河防官员每年六月至八月必须轮流上堤，参加并指挥汛期河务等事宜。

（4）各县兼管河防的县官在非汛期也要轮流指挥河防事务。

（5）沿河州、县官吏在河防工作中的功过都必须向上据实奏报。

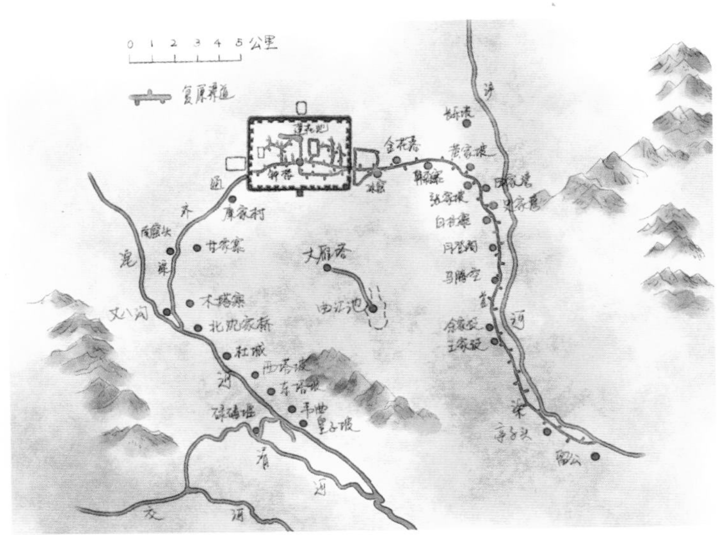

明清西安城引水渠道示意图

（6）河工、埽兵平时按规定给予休假，遇有河防急务如防汛、堵口等危急之时，则停止给假。

（7）河防汛情紧急，防守人力不足时，沿河州府负责官员可与都水监官吏及都巡河官商定，有权随时征调丁夫及河防物资等。

（8）河防军夫如患病，由都水监安排送往各附近州县治疗，医病所用经费及药品由官府发给。

（9）有河防紧急情况时，由分都水监及各地都巡河官指挥官兵及时指挥抢修和保护河堤及堤防设施等；河埽情况必须每月按时上报工部，由工部转呈主管朝廷政务的尚书省。

（10）除设有埽兵守护的滹沱河、沁河等，其他有洪水灾害的河流出现险情，主管部门及地方官府要派出人夫进行紧急抢险。

（11）每年六月一日至八月底，为黄河涨水月，沿河州、县的河防官兵必须轮流进行防守。卢沟河（今永定河）由县官和埽官共同负责守护，汛期要派出官员监督、巡视、指挥。

虽然现存《河防令》文字不全，但仍可看出其主要的内容和指导思想。《河防令》作为一项专门的防洪法规，在中国水利史上占据着相当重要的地位，为以后各代制定防洪法规奠定了基础。

城市供水法规——项忠的《水规》

项忠是明代官员，历任刑部主事、员外郎、陕西按察使、陕西巡抚等职。陕西地处黄土高原，水土流失严重，百姓常闹饥荒。项忠到任后，深入巡视各地、体察百姓疾苦，开仓放粮，救济饥民。他一方面请求朝廷，减免赋税；另一方面大力恢复生产，发展经济，深受陕西人民的拥护。

当时西安城中水源咸卤，不能作为生活饮用水。项忠上奏朝廷，要求疏通旧渠，解决西安居民用水。他首先整修了自隋唐时就有的龙首渠，引水 70 里，供东城用水。西城引城西南之皂河水入城与龙首渠会合，渠名通济，平时放水二分，余水排入城壕。后因积水太多又开挖 20 里的排水沟，将余水排入渭河。这些古渠道经疏通后，在长安城中相互贯通，构成水运交通网，不仅解决了城中居民用水，也解决了运输上的许多问题。

项忠深知修建水利工程的艰难，所以重视对用水的管理，当他在解决长安居民用水工程的同时，也制定了严格的管理制度——《水规》。《水规》规定得很详细，用文字刻在《新开通济渠记》石碑背面。总文字不足 1000 字，规定：渠上种植的菱角、莲藕、茭白、菖蒲等所获之利归地方公用；佥选老人、人夫巡视修理渠道；不准沤制蓝靛、洗衣服以免污染水源；按水量大小开启和关闭闸门；渠道两岸种植树木等。

近年经有关人员考证，《水规》节略为 11 条，内容如下：

（1）自西门吊桥南至东门吊桥南的城壕内所种植的莲藕菱角等均归都司及三卫公用；其北侧归西安府及布政司、按察司采用；

（2）原龙首渠巡视老人、人夫仍须巡视修堰，不得依赖新渠，不要妨碍以东人家浇灌食用。

（3）皂河上源及西城壕 70 里，设老人 4 名，另每里佥人夫 2 名养护。丈八头到城两岸植树及交河也令前项人夫养护，老人须初一、十五赴官汇报渠道情况。

（4）丈八头以上军民用交、皂河水灌田，前项老人量宜分用，不许多分、断流。

（5）丈八头以上沤蓝靛污染水源者，令前项老人禁约。

（6）丈八头分水石闸金附近 2 户管理养护，规定分水深 1 尺，即可够用，余水仍归皂河故道。

（7）西城壕西岸置水磨 1 座，其北置窑厂 1 所，佥定四方看管养护，“磨课”收入作为修渠开支。

（8）窑厂东置木厂 1 所，收桩木善物，备修渠用，令管磨者管理。

（9）水自西城入，东城出；渠用砖灰圈砌，圈顶以土填与街道平。每 20 丈留一井口。各处井口令当地 1 户养护。规定冬春寒每半月、微寒每 7 日、夏秋微热每 4 日、大热每 2 日 1 次，派人进入渠内往来查看，防有弃置死物，由看管者负责。

（10）各官府分水入内，校尉人等无所统属，不易管理，于分水处井口各置锁钥，由当地看管人户执掌，酌量将分水闸按时启闭，不能由校尉等任意取水。

（11）城内不许于渠上或渠旁开张食店、堆积粮食，不准污染渠水，防止虫鼠穿穴。此外再有碍事理，一律禁约。

项忠制定的《水规》是当时城市用水制度的一个汇总，用严格的制度最大程度地保证了城市的各项用水，维持了城市的稳定。项忠重视水利，重视管理，他的贡献得到了当时和后世人们的肯定。

司空、水丞、都水监——历代的水政管理

由于水的重要性，水政管理在历史上也很受政府重视，它的所辖范围除治河防洪、农田水利、航运工程外，还包括渔业、水作物以及桥梁、渡口和交通水道的管理等。中国历史悠久，历代负责水利建设和水利管理的机构、官员在长期的实践中逐渐形成了一套完整的体系：管理系统通常包括行政管理和工程实施两大系统；中央职官系统和地方职官系统；中央派往地方的各级机构；文职系统和武职系统。这些系统变化复杂，职责交叉，体现了水利在中国历来是作为一种重要的政府职能和政府行为。

从中央机构来说，“司空”是古代中央政权机关中主管水土等工程的最高行政长官。《尚书·尧典》记“禹作司空”，“平水土”。“司空”一职，被认为是“水利设专司之始”。西周时，中央主要行政官员“三有司”之一的“司工”即“司空”。《考工记》和《荀子·王制》都指出“司空”的职责主要是防洪、排涝、蓄水、灌溉等水利工作。春秋战国时各诸侯国多设有司空或相应官吏。西汉末期设御使大夫为“大司空”，东汉将司空、司徒和司马并称为“三公”，是类似宰相的最高政务长官，虽负责水土工程，但不是专官。隋代以后设工部尚书，主管六部中的工部，亦通称“司空”。工部掌管工程行政，在明代以前为宰相下属。历代往往又设“将作监”或“都水监”管理水利建设的实施、维修等，与工部相分工。明清废都水监，施工维修管理等职能划归流域机构或各省，中央只留工部管理行政。工部以下具体负责中央水利行政的机构是“水部”。曹魏时设水部郎

为尚书郎之一，主管水政。隋、唐、宋都在工部之下设水部，主管官员为水部郎中，其助手为员外郎及主事。元代不设水部，农田水利属大司农，而河防等则归并都水监。明清工部下设都水清吏司，简称都水司。主管官员为郎中，助手为员外郎及主事。都水监是古代中央政权中主管水利工程计划、施工和管理等工作的专职机构，与工部平行，有行政关联但无隶属关系。秦、汉设都水长、丞，隶属中央的有关部门，如太常、大司农、少府和水衡都尉或地方长官，负责管理水泉、河流、湖泊等水体。汉成帝时设置都水使者，统一领导和管理这些都水官员。东汉将都水官员划归地方管理。晋代又设都水台为中央机构，其长官为都水使者。隋、唐机构称都水监，主管官员称都水使者。金、元时期的正、副主管官吏分别称为都水监和都水少监。都水监向地方和河道派出的机构，宋代称外监或外都水丞，金代称分治监，元代则称行都水监。各级机构都有专职官吏及技术人员。明清废都水监，施工维修管理等职能划归流域机构，农田水利则划归地方各省管理。河道及漕运管理则由中央政府直接派设专职机构。汉至唐各代还有“河堤谒者”等职官。有的在中央任职，有的则派往地方主持河工。西汉临时派出的官吏叫河堤谒者或河堤使者，多以钦差大臣身份主持大规模工程。有些以原官兼任河堤都尉，或“领河堤”“护河堤”“行河堤”等。东汉河堤谒者成为中央主持水利行政的长官，晋至唐为都水使者的属官。五代以后裁撤，但还有类似的官吏。如元代的总治河防使和明初的河道总督，都类似西汉的河堤谒者。金代的巡河官，元代的河道或河防提举司，明代管理黄河和运河的郎中、主事等，都类似晋以后的河堤谒者。明、清两代，中央派往黄河、运河等大流域负责河工和漕运的官员是一个单独的系统。明初曾设漕运使，永乐年间设漕运总兵官。此后侍郎、都御使、少卿等许多官吏都负责过漕运事务。清代正式设漕运总督，驻淮安，全面负责漕运事务，直隶、山东、河南、江西、江南、浙江、湖广七省负责漕运的官员均听命于漕运总督。1904 年改漕运总督为巡抚，次年裁撤。清代的河道

清《潞河督运图卷》局部

总督是负责黄河、运河和海河水系有关事务的水利行政官员，权力极大。河道总督是在明代总理河道一职的基础上演变而来的。其级别与地方行政长官大体相当，并经常兼有兵部尚书右都御使、兵部侍郎副都御使或佥都御使等头衔，品位很高，权力也很大。

农田水利的管理在中央属水部或都水监，地方各级行政区一般都有专职或兼职官吏。唐代各道往往设农田水利使兼职，明代各省设按察司副使或佥事管理屯田水利，清带则有专职或兼职的屯田水利道员。有重要农田水利工程的地方则设府州级官吏（如水利同知等）或县级官吏管理。例如都江堰在东汉时设都水掾、都水长，蜀汉时也设有堰官，至清代则专设水利同知。除地方设官管理渠堰外，支渠、斗渠以下或较小的灌区，一般由民众管理，如唐代泾、渭等灌渠就有渠长、斗门长，后代有堰长等。

第四章 治水与农业发展

我国古代经济是以农耕经济为主体，主要体现在农业的发展，一般表现在农具改进与农作物推广、水利工程的兴修、耕作技术的进步、垦田面积的增加、粮食产量的提高、政府收入增多、国家人口增殖等方面。其中，农田灌溉或者农田水利兴修是农业经济发展的主要原因。与此同时，由于治水实践和水利工程兴修，沟渠纵横，极适宜发展农业生产。水利灌溉、缫丝织布、南粟北稻等，这一切构成了我国农业文明的物质基础。

水利是农业的命脉。中国古代黄河流域农田水利开发最早，然后向淮河流域及江南发展。隋唐以后中国经济重心南移，南方农田水利发展迅速，超过了北方。大禹治水时，大力兴修沟洫，并在卑湿的地区推广植稻。商代的甲骨文中，有表示田间沟渠的文字农田灌溉在中原地区起源很早。春秋战国时期兴建的灌溉工程气魄宏大，无坝引水的工程如都江堰、郑国渠，有坝引水的工程如漳水十二渠，蓄水工程芍陂都是这一时期兴建的著名大型灌区。秦汉以前，我国主要经济重心在黄河流域，之后，基本经济区逐渐向南方扩展。三国至南北朝时期（约 3 世纪至 6 世纪）淮河中下游成为继黄河流域之后的又一基本经济区，隋唐宋时期（约 7 世纪至 13 世纪）长江流域和珠江流域的经济地位突出出来，其中长江中下游已成为全国的经济中心。前述基本经济区的建设中，同样也离不开水利建设。

灌溉农业

灌溉农业是利用水源，通过农用水利灌溉设施，满足农作物对水分的需要，调节土地温度、湿度和土壤空气、养分，提高土地生产能力，以保证正常农业生产进行。我国的灌溉农业，最早是利用地下水自流灌溉的沟洫农业和井灌。稍后，采用渠系灌溉和调水灌溉。

我国的灌溉农业起源较早。从浙江余姚河姆渡遗址出土的大量稻谷遗存和骨耜推测，早在7000年以前，人们就已掌握了开沟引水和构筑田埂等排水技术，以及大禹的“疏九河”“尽力乎沟洫”等中国灌溉农业的萌芽。夏商时期，我国就出现了水利设施及农田灌溉。春秋战国时期兴建了多个著名大型灌区。如都江堰是岷江上的引水工程，至今已成功地运行了2250年，灌溉面积增加到1086万亩。它是无坝取水枢纽，渠首主要依靠鱼嘴分水、飞沙堰溢洪、宝瓶口控制引水，具有灌溉、防洪、放木等多种效益，是古代劳动人民的杰作。晚于都江堰10年，公元前246年秦国又兴建了郑国渠。郑国渠在泾水上，最初是无坝取水，后因河床不断下切，引水口逐渐上移，至民国年间，由李仪祉先生主持，改为有坝取水，即今之泾惠渠。西汉司马迁在《史记·河渠书》中称：“秦以富强，卒并诸侯。”在此后150年左右，在郑国渠灌区里又兴建了与郑国渠齐名的白渠，公元前111年又兴建六辅渠，还同时制定了“水令”，我国第一个灌溉管理制度由此诞生。春秋战国时期，大规模农田水利事业兴起，对我国农业文明发展提供物质基础。

田间灌溉的水渠

田间灌溉是史前最广泛的一种农业灌溉方式，可分为畦灌、沟灌和淹灌等，其中，水渠是沟洫灌溉的重要组成部分。考古发现，在苏州马家浜文化时期的草鞋山稻田遗址里，东片遗址有水田33块，水沟3条，蓄水井（坑）6个，以及相关的水口。西片遗址有人工大水塘2个，水田11块，水沟3条，蓄水井（坑）4个，以及相关水口。所有田块分布在大水塘沿边，有水口沟通水塘，田块群体串联，可调节稻田水量。西片灌溉系统已经比东片进步，从田边挖水井（坑）汲水，发展到挖水塘，通过水口从塘中引水灌溉，又通过水口排水。这里所说的水沟就是水渠的肇始。在当时的条件下，一方面通过开挖的沟、坑，利用自然落差进行农田灌溉，水位通过水田内的水口调节；另一方面，利用陶器盆、罐等来打水灌溉。

河北下潘王水渠

澄湖崧泽文化晚期稻田遗址的发掘，显示已有低田和高田之分，低田的灌溉系统以池塘、水沟、蓄水坑、水口组成，高田灌溉为水井，最大稻田面积达到 100 平方米以上。马桥时期的环境显示水域扩大，森林草原拓展，农田萎缩。作为太湖流域古文化新石器时代遗址，草鞋山遗址中 6000 年前的马家浜文化水稻田，是中国发现最早有灌溉系统的古稻田。

洛阳矬李遗址发现的一条仰韶文化时期古渠道，宽 4 米、深 0.4 米，内填白色细砂土。河北下潘汪龙山文化层中发现两条水渠，其一宽 3.2 米、深 1.5~2 米，已发掘长度 48.5 米；另一条宽 1.6 米、深 1.7~1.9 米、全长 39.5 米。这些古水渠多为挖沟而成的土渠，部分地段用石块堆砌，修建这些水渠的主要目的是为了农业浇灌。这是真正意义的水渠，史前人类用于排灌的遗存。

人工灌溉的井田沟洫

灌溉渠系出现在 4000 多年前的殷商时期。考古发现约 4000 年前商代的甲骨文中，出现了井和田的符号“田巛”，意指田边的水沟。辽宁省阜新务欢池遗址发现距今 3500 年前后的古人工灌渠，是我国目前发现较早、较完整的一处古代农田灌溉系统，农田灌溉水渠遗迹，这是农业考古研究的一项突破性发现。该灌渠纵横交错、相互沟通，可分为主干渠、支渠、毛渠，总长约 245 米。灌渠人工挖修成上宽下窄，两壁斜直的倒梯形。干渠上宽 1.5~3 米、底宽 0.5~1 米、深 0.9~1.2 米；支渠上宽 1~1.5 米、底宽 0.4~0.5 米、深 0.5~1 米；毛渠上宽 0.5~1 米、底宽 0.3~0.5 米、深 0.3~0.5 米。这些纵横交错，相互贯通的水渠将田地分割成若干长方形。在干渠与支渠相交处发现了分水石堤，渠道断面的改变显示了支渠分出毛渠的走向。纵横交错的渠道又将田地分割成若干长方形。渠与渠、地与地之间有明显的水位落差。

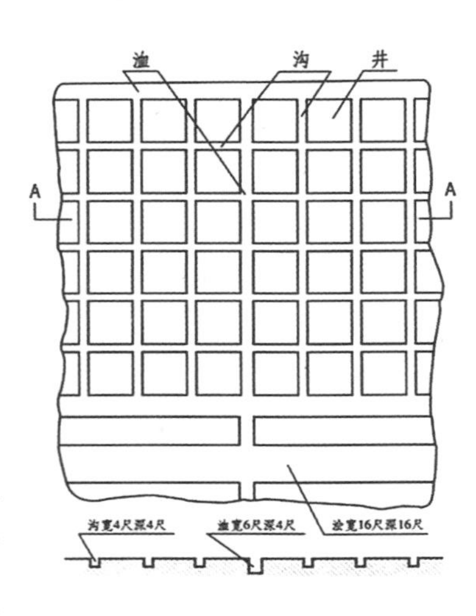

井田沟洫示意图

井田制推动了沟洫工程的建设，西周时期已具备了由蓄水、输水、分水、排水等不同功用的各级渠道所组成人工灌溉和排水系统。西周的“井田沟洫”，就是将一块土地分为呈“井”字状的 9 块，中央是蓄水的井，其余 8 块是被渠道环绕的耕地。人工灌溉系统，这种由蓄水、输水、分水、灌水、排水等不同功用的各级渠道所组成，称作“井田沟洫”制度。中国第一部诗集《诗经》描绘了西周都城镐京（今陕西西安西南）附近的农人引滮池水灌溉稻田的景象。公元前 400 年左右成书的文献《周礼》记载了最早的官制中所设置的管理灌溉的官员，即“稻”，其主要职责是管理蓄水陂塘和渠道。

沟洫制的兴起是大禹“尽力乎沟洫”的继续和发展，标志着先民在改造自然的道路上向前更进了一步。随着农田沟池系统的配置，在我国农业史上形成了一种别具一格的农业形态——沟洫农业。这种农业形态既不同于靠天吃饭的原始农业，又异于以后的引水溉田的灌溉农业。沟洫的功能是“通水于田，泄水于川”，既可以防止水涝为害，在一定程度上又可以润泽土壤，因此在一般情况下，它能保障农业生产较为稳定有收。沟洫农业的发展对后世耕作方法的演进，也产生了深远影响。但由此我们也可以看出，我国古代早期农田的建设与水的密切关系。

引洛水灌溉的龙首渠

龙首渠（今大荔县城西北 13.5 公里义井村村北）是我国历史上第一条地下水渠，在开发洛河水利的历史上是首创数千米长的隧洞和独特的施工方式，是今洛惠渠的前身。由于施工时挖出了龙骨（化石），渠道遂命名为龙首渠。

龙首渠渠首施工方法工程布置示意图

龙首渠主要由明渠、暗渠和竖井三部分组成的，其中竖井和暗渠构成了龙首渠的核心内容。它建于西汉武帝元狩到元鼎年间（公元前 120 年—前 111 年），从今陕西澄城县洑头村引洛水灌溉今陕西蒲城、大荔一带田地，即挖通起自征县（今澄城县）终到临晋（今大荔县）的渠道。由于渠道要经过商颜山（今铁镰山）引洛水灌溉临晋平原。渠道穿越商颜山，给施工带来了困难，也是整个工程的艰巨所在，最初渠道穿山曾采用明挖的方法，但由于商颜山高 40 余丈，均为黄土覆盖，土质疏松，开挖深渠容易塌方，于是改用井渠施工法。

《史记 · 河渠书》记载当时井渠施工法的技术要领是：“凿井，深者四十余丈。往往为井，井下相通行水，水颓以绝商颜，东至山岭十余里间。井渠之生自此始。”所谓的井渠指地面上开凿一系列竖井，在地下修建暗渠使井井相通，水在井下流通。井渠法是我国水利史上科学技术进步的缩影，具有承前启后，继往开来的重要作用，开创了后代隧洞竖井施工法的先河。渠建成后重泉(今蒲城县东南)以东的 1 万多顷盐碱地得到灌溉，每亩能收 10 石粮，产量增加了 10 倍多，为农业经济发展提供了宝贵的经验。

塞上江南的河套灌区

宁夏的宁夏平原和内蒙古的河套平原，因为处在黄河上游的河谷地带，水源丰沛，灌溉便利，农业发达，水草丰美，因此被称为塞上江南。宁夏自古以来就有“塞上江南”“黄河百害唯富一套”“天下黄河富宁夏”和“西北明珠”等种种美誉，是古老的河套灌区的重要组成部分。所有这些赞美，都根源于黄河与引黄灌溉。从秦朝开始，宁夏地区开凿引黄干渠的原始形态就已开始形成，经过历朝历代的延伸拓展，不断扩大和修缮，逐渐形成了庞大的引黄水系，积累了丰富的治黄、兴水经验，发明了许多行之有效的水利工程技术措施和工具，对我国各大江河治水兴农都起到了示范作用。由于宁夏河套灌区黄河自流灌溉，土地肥沃，气候干旱，日照时间长且昼夜温差大，自古就是栽培优质水稻的风水宝地。而千百年来，这里出产的大米也一直是宁夏最值得称道的农产品之一。相传在清代，宁夏大米曾被列为朝廷“贡米”。新中国成立后，宁夏大米又远涉重洋出口东欧还荣得“珍珠米”美名。

河套灌区

内蒙古河套灌区位于巴彦淖尔盟。早在秦汉时代即屯兵移民，引黄河水灌溉农田。唐曾于后套开挖大型渠道，有的渠可灌 600 公顷以上。清中叶以后，灌溉发展较快，先后建成永济渠、长济渠、黄济渠、杨家渠、塔布渠等，至清末黄河两岸已有八大干渠，灌溉面积达 20 万公顷。20 世纪 50 年代以来，河套平原灌溉事业发展迅速，在黄河干流上建成三盛公水利枢纽工程，南北两岸修建总干渠 500 余公里。又修筑了黄河防洪大堤，同时开展农田基本建设，营造防护林，扩大灌溉面积，形成草原化荒漠中的绿洲。

灌溉事业长期发展的结果是打破了河套平原荒漠草原与荒漠这一地带性的束缚，呈现阡陌相连，沟渠纵横，绿荫弥望的景色。栗钙土和棕钙土只在局部地区残存，大部地区已为灌淤土代替，但因灌溉不合理，盐渍土广泛分布于灌区。

黄河的旱作农业

旱作农业（简称“旱农”），指在降水稀少又无灌溉条件的干旱、半干旱和半湿润易旱地区，主要依靠天然降水和采取一系列旱作农业技术措施，以发展旱生或抗旱、耐旱的农作物为主的农业，包括最大限度地蓄水保墒和最大限度地提高水分利用率两方面。黄河流域属于暖温带大陆性季风气候。春季风多干燥、降水少、蒸发量大，土壤失墒快，春旱严重。夏季炎热多雨，具有雨热同季的特点，在初夏常因高温、风大、湿度小出现干旱。秋季天高气爽，雨季基本结束，高空西风带日渐加强南下，东南季风逐渐向西北季风过渡，形成短促的风速微弱、云量很少，能见度极佳、稳定晴好，呈现风和日丽的“秋高气爽”天气。过少的雨量，会造成秋旱。冬季受蒙古冷高压控制，盛吹寒冷的偏北风。冷空气不断侵入，使气温不断降低。整个冬季雨雪稀少、北风频吹、干燥寒冷。

黄河流域是我国农业最发达的地区之一，旱作农作物主要由粟、麦、稻、黍、菽外，又有薯蓣、荞麦和薏苡等。在长期的生产发展过程中，黄河流域围绕蓄水用水过程，形成了以纳雨蓄水为主的耕作保墒技术，以培肥地力为主的施肥养地轮作技术，以培育壮苗为主的选用良种和适时适量控制作物群体生长的技术。各种技术密切配合，可达到以土蓄水，地肥保水，水肥保苗，苗壮根深，以根调水，开发土壤深层水，提高自然降水利用率，从而实现旱农高产的目的，并积累了抗旱耕作、抗旱栽培、抗旱保墒、合理轮耕、精耕细作、用地养地、农牧结合等许多丰富经验。

粟

旱地作物代表——粟

黄河旱作农作物主要由粟、麦、稻、黍、菽外，又有薯蓣、荞麦和薏苡等。隋唐前期以温暖的气候为主，有利于农耕生产。如粟是喜温耐旱作物，具有较强的适应性，主要生产地域为黄河流域的华北平原、黄土高原、河西走廊以及今日四川东部；麦子生产地域则集中在北方黄河流域。《诗经》里讲到禾（粟）的地方是魏和幽，分别在今山西省南部和陕西省中部。唐代以前，华北农业基本上种植谷子。所以，唐代华北平原和黄土高原上的谷子生产，实是继承了历史的传统。中原地区发现了可以说是整个黄河流域迄今发现最早也最有代表性的农耕文化遗址，就是距今约八九千年左右的河南裴李岗文化。在河南新郑沙窝李遗址，发现有分布面积约 0.8~1.5 平方米的粟的炭化颗粒。在许昌丁庄遗址中，曾在一方形半地穴房子中发现炭化粟粒，距今七八千年，是河南粟作的最早记录。秦汉以降，黄河流域的粮食作物一直以粟为主，反映这个地理大舞台上历史演进的《史记》《汉书》《后汉书》，提到次数最多的是粟，根据当时华北农业状况而编著的《氾胜之书》《四民月令》《齐民要术》等农书讲得最多最详细的也是粟。

唐朝，作为唐代人们第一大主粮的粟，几乎全部分布在北方，尤以华北平原、黄土高原和河西走廊最为集中。直到今天，粟仍然主要分布在那里。并且，迄今为止发现的 27 处史前粟种植地点，集中在西起甘肃兰州、临夏，东抵山东广饶、胶县的黄河流域。文献记载表明：东都河南府位于华北平原最西部，附近产粟颇为丰盛。唐开元二十五年，“和籴东、西畿粟各数百万斛”，东、西畿分别指都畿和京畿，可见两京附近产粟数量之巨。唐高宗时员半千为怀州武陟县尉，正遇大旱，“劝令殷子良发粟贩民”。玄宗时颁布的平籴诏，要求诸郡籴粟若干，其中荥阳、临汝等郡各出粟 20 万石。 河北道无论是太行山东麓平原，还是河北平原腹地，南起黄河、北抵燕山山脉，都是谷子盛产之地，乃是唐代谷子生产的主要产区之一。据考古发现，唐代洛阳含嘉仓里收藏的粮食主要是粟米和稻米。唐玄宗天宝八年（749 年），全国主要大型粮仓储粮总数为 1266 万石，而含嘉仓就储粮 583 万石，占近 1/2，是当时规模最大的一座粮仓，被称为“天下第一粮仓”。

蓄水保墒的甽亩制

《吕氏春秋》中《上农》《任地》《辩土》和《审时》所记述的精耕细作农业技术，直接为后世所继承和发展，成为中国传统农业精耕细作传统中最重要的指导思想。其中，《任地》说："以六尺之耜，所以成亩也；其镈八寸，所以成甽也。耨柄尺，此其度也；其耨六寸，所以间稼也。"《辩土》说："其为亩也，高而危则泽夺，陂则埒，见风则蹶，高培则拔，寒则雕，热则脩，一时而五六死，故不能为来。……故晦欲广以平，甽欲小以深；下得阴，上得阳，然后咸生。"从上述情况来看，《吕氏春秋》对甽亩制有相当详细的介绍。亩的宽度应该是六尺，和耜的长度一样，甽的宽度与高度比耜刃稍宽些。亩要宽广平坦，甽要狭小深凹，只有这样农作物才能得到充分的湿度与温度，才有助于其的生长。《庄子 · 让王第二十八》中司马彪疏："垄上曰亩，垄中曰甽。"意思是说，高田旱地要将庄稼种在垄沟，低田湿地要将庄稼种在垄台。这是战国后期农学家总结的高田低作，低田高作，因地制宜的垄作技术原则。因为高田怕旱，庄稼种在垄沟里，比较湿润，垄台又能挡风，有利于防旱保墒；低田怕涝，庄稼种在垄台上，则有利于排水防涝。

《任地》说:"凡种之大方：力者欲柔，柔者欲力，息者欲劳，劳者欲息……上田弃亩，下田弃甽。五耕五耨，必审以尽。"意思是说，农耕的一般原则是，土性硬结的使它柔和，土性柔和的使它硬结，休耕的土地要频种，频种的土地要休耕……高处的田，庄稼不要种在田垄上，低洼的田，庄稼不要种在垄沟里，播种之前耕五遍，下种之后耨五遍，一定要做到精耕细作。上述耕作的基本精神是要将低凹阴湿之地治理成相对隆起、易于排水之地，将作物种在垄之上而不是沟里。究其原因是春秋战国时期，黄河中下游地区的耕地都位于宽阔的大平原上。该区域地下水位较高，灌溉方法不当易引发土地盐碱化；地下水位较高还会影响旱地作物的根系发育甚至造成因水淹而死亡，严重影响产量。因为大平原上这一水环境的特异性，该地带农业耕作需要应对的环境问题主要是"避卑湿"，甽亩制正是针对这一问题所做出的技术选择。甽亩制是把庄稼种到垄上，而"甽"则发挥排水的作用，以降低地下水位，以利于作物的根系发育，促进作物生长。

畎亩制所提出的“上田弃亩，下田弃畎”对后世产生了重大的影响，例如《氾胜之书》所说的耕田方法，就是继承并发展《辩土》篇所说的耕田方法，并且赵过的代田法和氾胜之的区田法，也和《任地》篇所说“上田弃亩，下田弃畎”有关系，更加重要的是，它第一次对农业生产中天地人的关系作出科学的概括，并把这种精神贯彻到全部论述之中。

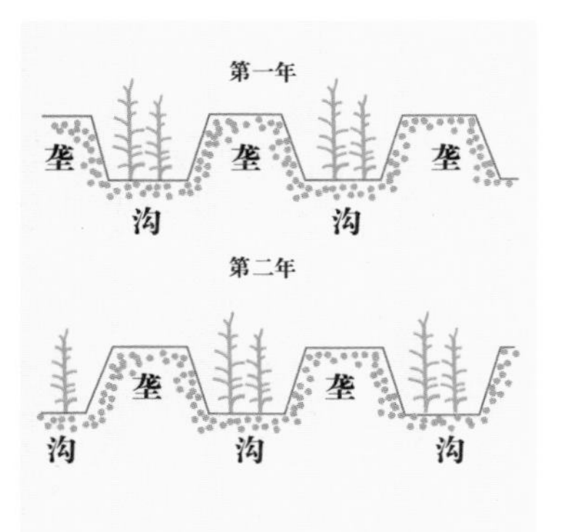

代田法

深播抗旱的代田法

代田法是汉武帝末年推广的一种农田“垄作”深播抗旱农业。公元前89年，汉武帝刘彻任命赵过（生卒年代不详）为搜都尉（主管农业的官吏）。赵过在汉武帝的离宫内经过对比试验，推广了“代田法”，增加了亩产量。

关于代田法的文字记载，《汉书 · 食货志》中保存了唯一资料：过能为代田，一亩三甽，岁代处，故曰代田，古法也。后稷始甽田，以二耜为耦，广尺深尺曰甽，长终亩。这里的“甽”是“亩”字的古字，而“甽”则指垄沟，看来它是战国时代“上田弃亩”法的继承与发展。由于它在一个生产周期内，垄沟和垄台互换位置，所以叫做代田。代田是垄作体系中，“种下垄”的一种方法，等到幼苗长起来以后，通过中耕除草，逐渐把垄上的土铲下来，培在禾苗根部，到了盛夏的时候，垄上的土已经铲尽，也就是全部培在禾苗根部去了，于是庄稼的根很深，能抗风、旱。

“代田法”是低作与高作的结合，在春季播种时以及幼苗时是低作的，即播种在垄沟里，但是在夏季中耕除草、培土之后，就成了垄作。由于代田法在每个生产周期中，垄沟和垄台互相变换了位置，而它又总是在垄沟里播种，于是就产生了轮番利用土地的效果。即原来种庄稼的地方（垄沟）就休闲起来，原来休闲的地方（垄台）就利用起来。这样，代田法就继承和发扬了战国时代的“息者欲劳，劳者欲息”的土壤耕作原则。

代田法在春季实行低作，有利于防风抗旱，在夏季实行高作，有利于排水防涝，特别是它具有“垄沟互换，轮番利用”的优点，所以它在当时被誉为“用力少而得谷多”的耕作方法。

隋唐水利工程与农业

农田水利是农业生产的命脉。自北魏末年传统旱作技术体系基本定型之后，农业生产的提高，便主要表现在精耕细作基础上进一步兴办农田水利事业和扩大耕地面积等方面。

隋初，封建统治者为了促进农业生产的发展，十分重视水利灌溉事业的建设。隋开皇元年（581 年），隋文帝派李询开渠引杜阳水，灌溉三畤原农田，“民赖其利”。隋开皇四年（584 年）开广通渠，引渭水直达潼关，漕运 300 里，一部分用于溉田。与此同时，一些地方官吏也在各地积极兴修水利，如怀州刺史卢贲，决沁水东注，修成“利民渠”和“温润渠”，“以溉舄卤”。寿州总管长史赵轨修复芍陂，灌田 5000 余顷。蒲州刺史杨尚希引瀵水，立堤防，开稻田数千顷。兖州刺史薛胄兴修“薛公丰兖渠”，将兖州城附近大泽积水西注，使陂泽尽为良田，同时又能“通转运，利尽淮海”。其他一些地方还有类似的水利工程建设，有些军屯垦殖的地区也有不少开渠引水溉田的水利工程。这些都极大地提高了农业生产。

唐朝继隋之后，在农田水利方面对黄河中下游地区的水源进行了更加充分的利用，具有代表性的工程有郑白渠和成国渠。郑白渠的前身为汉代所修的白渠，秦汉时期曾广收灌溉之利。到了唐代，郑白渠改名为太白渠、中白渠、南白渠，仍可收灌溉之利。高宗永徽年间（650—655 年），可灌田 10000 多顷，代宗大历年间（766—779 年），还可灌田 6000 顷有余。其中，唐代山西十分重视兴办农田水利。唐中叶以前，山西州县政权职能极力开发农田水利。据记载，河中府河东郡属县虞乡：“北十五里有涑水渠，贞观十七年，彭史薛万彻开，自闻喜引涑水下，入临晋”。属县龙门：“北三里有瓜谷山堰，贞观十年筑。东南二十三里有十石垆渠，二十三年，县令长孙恕凿，溉田良沃，亩收十石。西二十一里有马鞍坞渠，亦恕所凿”。唐代山西施工的水利工程共 32 项，“于全国占第三位”。唐代屯田还开有许多水屯，如唐开元二十二年（734 年）六月，“遣中书令张九龄充河南开稻田使。”八月，“遣张九龄于许、豫、陈、亳等州置水屯。”唐玄宗时，仅陈、许、豫、寿四州便设置了 100 多处水屯。上述地区若无屯田士兵参与兴修水利，

引黄灌溉示意图

是很难完成旱地向水田的改造。

此外，黄河中游地区的水利工程还有兴平县的普济渠，郑县的利俗渠、罗文渠，下邽县的金氏二陂，朝邑县的通灵陂，韩城县的龙门渠，合阳县的阳斑湫，虞乡县的涑水渠，龙门县的瓜谷渠、垆渠、马鞍坞渠，临汾县的高梁堰和夏柴堰，曲沃县的新绛渠，闻喜县的沙渠。下游地区有汝阴县的椒陂塘，文水县的常渠、甘泉渠、荡沙渠、灵长渠、千亩渠，下蔡县的大崇陂、鸡阪、黄陂、湄陂，长社县周围180余里的堤塘，西华县的废邓门陂，陈留县的观省陂，北海县的窦公渠，莱芜县的普济渠，济源县的枋口堰，武陟县的新河，安阳县的高平渠，邺县的金凤渠，尧城县的万金渠，临漳县的菊花渠、利物渠，新乡县的新河等等，均为唐代各地方官员组织百姓所开，灌溉效益颇为可观，仅兴平县的普济渠、韩城县的龙门渠和济源县的枋口堰3个水利工程即可灌田18000余顷，加上其余不注明的灌田顷亩，成就显而易见。

唐代关中的水利建设主要表现在对原有水利工程的恢复和改造。如唐代在原西汉所开的成国渠渠口修了6个水门，称为“六门堰”，又增加了苇川、莫谷、香谷、武安等四大水源，灌溉面积扩大到2万余顷。又重修曹魏时期所开的汧水渠，改称为“升原渠”。升原渠引汧水经虢镇西北周原东南流，又合武亭水入六门堰，在六门堰东，汇入成国渠（东段）。因为引水上了周原，故名升原渠。唐朝又在原秦汉时的郑白渠基础上开通了太白、中白和南白三大支流，称为“三白渠”，还在泾水兴建拦河大堰，由料石砌筑而成，长宽各有百步，称为“将军翣”。唐代关中的农田水利，虽然都是在前代基础上进行的恢复和改建，但渠系较前更密，这些工程有效提高了原有水利工程的灌溉能力。

唐开元二年（714年），陕州刺史姜师度于华阴县西24里处开敷水渠，以疏排洪涝。后二年姜师度又在郑县（今华县）西南23里开利俗渠引乔谷水，又于县东南15里开罗文渠，引小敷谷水，筑堤防洪，发展农田灌溉。唐开元四年（716年），时任陕州（治所在今河南陕县）刺史的姜师度在郑县（今陕西华县）疏通旧渠，引水溉田，又修坝筑堤以防水害。唐开元七年（719 年），在同州刺史姜师度主持下，重建引洛灌区。《旧唐书 · 姜师度传》称：姜师度“于朝邑、河西二县界，就古通灵陂，择地引雒水及堰黄河灌之，以种稻田”。《新唐书》对姜师度的评价，“师度喜渠漕，所至繇役纷纭，不能皆便，然所就必为后世利。……时为语曰：‘孝忠知仰天，师度知相地。’”

唐元和八年（813 年），观察使田弘正及郑滑节度使薛平于卫州黎阳县（今河南浚县）开新河，长 40 里，宽 60 步，深有 7 尺，引黄河注入原来的河道，滑州（今河南滑县）便再也没有水患了。据统计，唐代兴修水利工程约 264 项，而“天宝以前者，居什之七”，其中，又以黄河流域的最多。

黄河流域由于唐王朝京都所在地的特殊地理位置，决定了其农田水利工程范围之广、规模之大，均开创了我国利用黄河水系灌溉农田，发展农业生产的新时期。唐朝在引黄灌溉方面取得较大成绩，如唐高祖武德七年（677 年）云得臣自龙门引黄河水灌溉韩城县（今陕西韩城县）田地 6000 余顷，完成了汉武帝时未完成的大规模引黄灌溉工程。姜师度，“好兴作，始厮沟于蓟门，以限奚、契丹，循魏武帝故迹，并海凿平虏渠，以通饷路，罢海运，省功多。……安邑盐池涸废，师度大发卒，洫引其流，置盐屯，公私收利不赀。……又派洛灌朝邑、河西二县，阏河以灌通灵陂，收弃地二千顷为上田，置十余屯。”《新唐书》对姜师度的评价，“师度喜渠漕，所至繇役纷纭，不能皆便，然所就必为后世利。……时为语曰：‘孝忠知仰天，师度知相地。’”唐神龙三年（707 年）姜师度因故渎重开贝州经城县（今河北威县北经镇）的张甲河。张甲河在汉代是屯氏河的支流，曾分排黄河水，后黄河南徙，张甲河排当地洪涝水。唐开元二年（714 年），陕州刺史姜师度于华阴县西 24 里处开敷水渠，以疏排洪涝。后二年姜师度又在郑县（今华县）西南 23 里开利俗渠引乔谷水，又于县东南 15 里开罗文渠，引小敷谷水，筑堤防洪，发展农田灌溉。唐开元七年（719 年），在同州刺史姜师度主持下，重建引洛灌区。《旧唐书 · 姜师度传》称：姜师度“于朝邑、河西二县界，就古通灵陂，择地引雒水及堰黄河灌之，以种稻田”。姜师度在河北道的辖境内，主持兴建了多项水利工程。首先“始于蓟门之北，涨水为沟，以备奚、契丹之寇，又约魏武旧渠，傍海穿漕，号为平虏渠，以避海艰，粮运者至今利焉”。

盐碱地

北宋引黄淤灌农业

中国北方许多河流含沙量很高，对于河道整治和引水灌溉都会带来一定的麻烦，但利用富含有机质的含泥沙水进行灌溉，历史上称为“淤田”，则又不失为一种变害为利的妙法。所谓淤田，就是在洪水期放水灌溉，把河水挟带的泥沙和养分淤积到田地里，以改良土壤和增加肥力。

战国时期，随着黄河流域大规模农田灌溉事业的发展，人们又创造了另一种利用自然和自然力改良土壤的办法,这就是“淤灌”。这是利用黄土地区河流含沙量大的特点，把灌溉与肥田和改良盐碱地相结合。人们大概是从开垦被河水泛滥过的荒滩地的过程中获得启发，从而发明了淤灌和放淤的办法。如漳水渠、郑国渠等就开始了引多泥沙水进行灌溉，改良盐碱地，使“终古斥卤”变为良田。《管子 · 轻重乙》提到：“河淤诸侯，母钟之国”，反映战国时代利用河水淤灌和放淤相当普遍。

北宋时期，沿黄河地区还有很多大片的盐碱地，这也就是史书上说这些地区是“潟卤”“咸地”和“斥卤”。为了改良东京附近的大片盐碱地，宋代曾采用淤田的方式进行治理。当时东京附近，汴河沿岸的中牟、祥符、陈留等地都是淤田比较集中的地区。

然而，大规模的引浊（黄）放淤出现在宋朝的熙宁年间，“熙宁中，初行淤田法”。北宋熙宁二年（1069 年），政府设立了“淤田司”，专门负责有关引浊淤田的工作，至宋熙宁五年（1072 年）程昉引漳河、洛河淤地，面积达 2400 余顷。此后，他又提出了引黄河、滹沱河水进行淤田的主张。宋熙宁十年(1077 年)程师孟等更是大规模地进行淤田，“引河水淤京东、西沿汴田九千余顷；七月，前权提点开封府界刘淑奏淤田八千七百余顷……元丰元年二月，都大提举淤田司言：‘京东、西淤官私瘠地五千八百余顷。’”

总的来说，北宋熙宁年间（1068—1077 年），在王安石的倡导下开展了大规模的引淤灌溉，改土工作，范围遍及豫北、冀南、冀中以及晋西南、陕东等广大地区，使得大片的土地得到改良，取得了实际广泛的效益。引淤灌溉不仅改良了大片盐碱地，使得原来深、冀、沧（今河北沧县东南）、瀛（今河北河间县）等地，大量不可种艺的斥卤之地，经过黄河、滹沱和漳水等的淤灌之后，成为“美田”，而且还提高了产量，使原来五七斗的亩产量，提高了 3 倍，达两三石。淤灌后的土壤产量可增加四五倍。据统计，北宋熙宁年间，淤灌改土的地区一共有 34 处之多，其中有淤田面积记载的共 9 处，面积达 645 万亩。所以说，北宋大规模引浑淤灌，是我国有史以来第一次大范围、有意识利用水沙资源，改良土壤生产性能的农田水利活动。在一定程度上说，大规模引黄河水淤灌，不仅取得巨大的社会效益，而且也推动了淤灌技术的提高。

长江的稻作农业

稻作农业在我国历史悠久。考古发现，早在新石器时代长江流域及其以南地区就发展了较成熟的稻作农业。长江的稻作农业经历了从起源、产生、发展，到成熟的全过程。从地域的分布结合文化系统来看，长江流域的原始稻作明显可以分为下游和中上游两个不同的系统。1993 年，在距今约 1 万年前的湖南道县玉蟾岩遗址出土水稻谷壳。1995 年又在文化胶结堆积的层面中发现水稻谷壳；稻壳出土时颜色呈灰黄色，共 2 枚，其中 1 枚形态完整；此外还筛洗一枚 1/4 稻壳残片；在层位上它们晚于 1993 年该遗址出土的稻壳。1993 年发掘的 3 个层位均有稻属的硅质体，进一步证明玉蟾岩存在水稻的事实。

经农学专家对玉蟾岩遗址两次发掘出土的稻壳进行初步电镜分析，鉴定 1993 年出土稻谷为普通野生稻，但具有人类初期干预的痕迹。1995 年出土稻谷为栽培稻，但兼备野、籼、粳的特征，是一种由野稻向栽培稻深化的古栽培稻类型。显而易见，这一发现

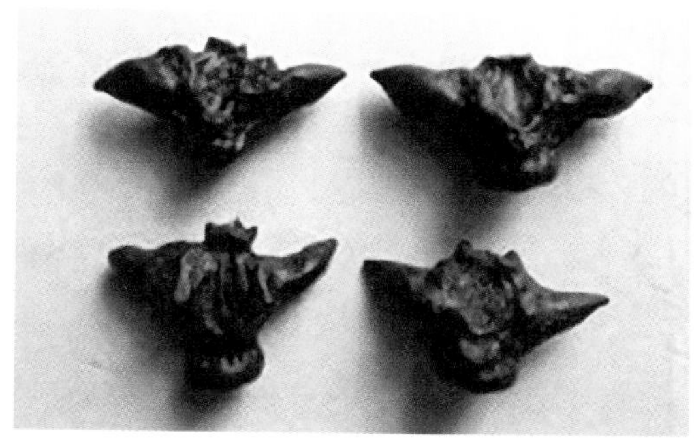

田螺山的稻田遗存

将人类栽培水稻的历史提前到10000年前。这是目前世界上发现最早的人工栽培稻标本，刷新了人类最早栽培水稻的历史纪录。另外，在长江中游的彭头山遗址、城背溪遗址以及长江下游的河姆渡遗址、草鞋山遗址、绰墩山遗址都发现了稻谷遗存，说明了长江下游是稻作农业的起源中心，也是栽培稻的起源中心。东周时期，我国出现稻田灌溉的职官。《周礼 · 地官 · 稻人》:“稻人，掌稼下地。”贾公彦疏：“以下田种稻麦，故云稼下地。”稻人，即古官名，掌治田种稻之事。可见，水稻灌溉系统和灌溉制度在春秋战国已出现。

田螺山的稻田

稻田是稻作农业的基础。距今约7000年的田螺山遗址位于浙江余姚，与河姆渡相距仅7公里，出土了菱角、栎果、芡实、葫芦籽、酸枣核、柿子核、猕猴桃籽，以及稻米和各种杂草植物种子，说明稻谷应该是田螺山人的主要食物资源之一，但是稻作并没有完全取代采集狩猎成为田螺山人即河姆渡文化的生业主体，通过采集活动获得的野生植物，例如栎果、菱角等，仍然是当时重要的食物资源。

在田螺山遗址周围分布大面积的稻田，在14.4公顷调查范围内，发现早期稻田6.3公顷，晚期稻田7.4公顷。在早期地层中发现一件木耒、一把木刀和一件器物柄，晚期地层中只发现一件器物柄，一条宽约40厘米的道路，没有发现包括灌排水的沟渠和田埂等灌溉系统。稻田土壤中除稻谷遗存，还发现其他许多植物遗存，如稗草、沙草、藨草、飘拂草、野荸荠、苔草、金鱼藻、茨藻、眼子菜、荇菜、野慈菇、蓼、菱角、芦苇等栖息沼泽湿地的稻田杂草，表明古稻属于湿地环境中栽培的水稻。另外，在稻田地层中还发现了密度较高的炭屑，表明在史前农耕中可能有用火烧荒的技术环节。

综合稻田遗迹中观察到遗迹和遗物，以及多学科的分析数据，基本可以判断田螺山遗址古稻田的形态以及稻作生产方式：先民开垦湿地种植水稻；在冬季或早春用火烧去枯枝落叶，用骨、木耜进行适当翻耕和整地后，进行播种；秋季进行摘穗收割，在此环节中可能还借助于一些工具，诸如木、石、骨刀等。早期的稻田可能没有完善的灌溉系统，主要依赖雨水和储存在沼泽地的水来满足水稻生长的需要。长江三角洲是位于亚热带季风气候区。春天湿润，并有一些降雨；夏季炎热和潮湿，被热带气流和台风控制；秋天凉爽，相对干燥；冬季寒冷和潮湿；季节性降雨和水稻生长对水的阶段性需求基本一致，可以满足水稻生长对水的需求。

草鞋山的稻田

1992 年至 1995 年，中日合作对行苏州草鞋山遗址古稻田进行研究，考古发现了距今 6000 年左右的马家浜文化时期的水稻田。水稻田是分布在地势低洼原生土面上，是打破原生土面形成的圆角长方形或不规则形等多种形状的坑，这种坑与坑之间的坑边为田埂即所保留的原生土，由几块到几十块田相串联，田块之间有水口连通。田块的面积从 1 平方米到 10 多平方米不等，深度 0.20 ~ 0.50 米左右。还有一些与田块相配套的如水沟、水塘、水井或坑等，这些为水稻田的灌溉系统。

草鞋山遗址东区遗址有水田 33 块，水沟 3 条，蓄水井（坑）6 个，以及相关的水口。西区遗址有人工大水塘 2 个，水田 11 块，水沟 3 条，蓄水井（坑）4 个，以及相关水口。水井以椭圆形为主，兼有长方形，深 1.8 米左右。水田田块面积较小，小者几平方米，大者十几平方米，为小块水田群。这是两种类型的灌溉系统：一是以蓄水井（坑）为水源的灌溉系统。由蓄水井（坑）、水沟、水口组成，所有田块和水井相互串联，可相互调节水量。大的水井口径 1.8 米 ×1.5 米，深 1.9 米，可存水量 3 立方米。通向水井的水沟，上游未发掘，据判断应有水源地存在。二是以水塘为水源的灌溉系统。所有田块分布在大水塘沿边，有水口沟通水塘，田块群体串联，可调节稻田水量。

总的来说，西片灌溉系统比东片进步，从田边挖水井（坑）汲水，发展到挖水塘，通过水口从塘中引水灌溉，又通过水口排水。同时还发现穿牛鼻耳高领罐的盛水容器。这种以水塘为水源的灌溉系统，比东区以水井为水源的灌溉体系进步，它既可通过水口灌溉，又可排水。在史前时期人类征服自然的能力还相当有限的情况下，这种挖塘辟田的方法较为合理。

楚国的火耕水耨

众所周知，楚国在西周时期，是南方各民族之雄。东周时期，楚国经济发达、文

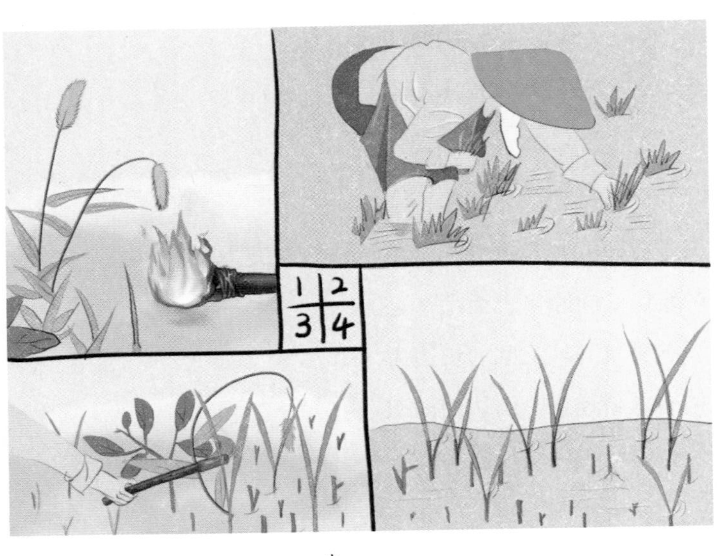

火耕水耨流程图

化繁荣、国力强盛，是春秋“五霸”、战国“七雄”之一。楚国的疆域曾包括今湖南、湖北、河南南部、山东南部、江苏、浙江大部、上海、江西，最盛时还包括现在陕西南部的汉中地区。

“火耕水耨”一词，据目前我们所见文献记载，最早出现在《史记》，以后陆续出现在《汉书》《晋书》和《隋书》等文献中。《史记·货殖列传》载：“楚越之地，地广人稀，饭稻羹鱼，或火耕而水耨。”另外，《汉书·地理志下》也有类似的记载：“楚有江汉川泽之饶，江南地广，或火耕水耨。民食鱼稻，以渔猎山伐为业。”由此可见，火耕水耨是稻作农业一种短期休耕方法与技术，土地休耕几年后形成杂草植被，种植前先用火烧，然后播种，由于火耕前并无很多的干物质积累，所以其杀草功能并不明显，播种后草与稻苗并长，当草长到七八寸高的时候，用收割工具将草割去，然后下水灌田，在灌溉水稻的同时，抑制杂草的生长，这就是所谓“火耕水耨”。火耕在前，水耨在后。火耕历史久远，是伴随着原始的刀耕火种而发展起来的，水耨是适合在滨临河流、湖泊等水源丰富地域的耕作方式。随着农业社会的发展，火耕与水耨在农业耕作过程中，逐渐融合在一起。火耕水耨在改良土壤、改善土质肥力上都起到了相同的作用，因为无论是用火烧草和割稻（粟）后留下的禾蒿烧稻粟的残苗，还是用水淹草，都可以把杂草转化为肥料，达到增强土壤肥力的目的。

火耕农业在楚国历史悠久。楚人最先用于种粟的“火耕”，很可能就是《礼记·月令》里记载的“烧薙”，郑玄注：“欲稼莱地，先荣其草，草干烧之。”这种生产方式可追溯到神农氏的“烈山泽而焚之”。根据《国语·郑语》和《史记·楚世家》记载，楚人的祖先祝融曾任高辛氏火正，曾经主持过放火烧山，开辟耕地的仪式，即文献记载“祝融亦能昭显天地之光明，以生柔嘉材者也”。直至周文王之时（约公元前 11 世纪），楚族有名的首领鬻熊仍担任周的火师。“火正”是我国古史传说时代的官职名，相当于商周时代的“火师”，是古代职掌“火”的官员。

随着楚国疆域向江汉平原乃至洞庭湖平原纵深的推进，稻就取代粟而成为楚国的主要粮食作物。楚人受火耕种粟的耕作方式的启发，把火耕逐渐用于稻作农业。与此同时，楚人又从楚蛮和越人手中学来了种稻所用的“水耨”技术。这里，水耨主要是用在稻作农业。“火耕”即种稻之前烧去田间杂草，“水耨”即除去与稻谷同生的野草，沤入水中为肥的耕作方法。《周礼·地官·稻人》载：“掌稼下地。以潴蓄水，以防止水，以沟荡水，以遂均水，以列舍水，以浍写水，以涉扬其芟作田。”又载：“凡稼泽，夏以水殄草而芟夷之。”郑玄注：“将以泽地为稼者，必于夏六月之时，大雨时行，以水病绝草之后生者，至秋水涸芟之，明年乃稼。”这种解释我们认为是比较科学的，它主要指的是在水泽地域管理稻田，须用水灌灭新生的杂草。

战国时期，楚国农业生产才逐渐把火耕、水耨真正地融合在一起，成为稻作农业的主要耕作方式。《史记·货殖列传》中所说的“火耕而水耨”，是楚国人们耕作种稼的方式。《汉书·地理志下》中有一段描述：“楚有江汉川泽山林之饶，江南地广，或火耕水耨。民食鱼稻，以渔猎山伐为业。”《礼记·月令》解释说：“是月也，上润溽暑，大雨时行，烧薙行水，利以杀草，如以热汤。可以粪田畴，可以美土疆。郑玄注曰：薙，谓迫地芟草也，此谓欲稼莱地先薙其草，草干烧之。至此月，大雨流水潦蓄于其中，则草死不复生，而地美可稼也。”这就是说，耕种时烧薙其草，将草灰当作肥料使用。当夏季酷暑之时，利用大雨以杀死杂草，这样就可以“粪田畴”“美土疆”。北魏贾思勰在《齐民要术》卷二“水稻”条。较为系统地对火耕水耨进行详细论述：“中旬为下时，先放水，十日后，曳陆轴十遍。地既熟，净淘种子，渍经三宿，漉出，内草篅中裛之。复经三宿，芽生。长二分，一亩三升，掷。三日之中，令人驱鸟。苗长七八寸，陈草复起，以镰侵水芟之，草悉脓死。稻苗渐长，复须薅。薅讫，决去水，曝根令坚。量时水旱而溉之。将熟，又去水。霜降，获之。北土高原，本无陂泽，随逐隈曲而田者。二月，冰解地干，烧而耕之。仍即下水。十日，块既散液，持木斫平之。纳种如前法。既生七八寸，拔而栽之。溉灌、收刈，一如前法。畦大小无定，须量地宜，即取水均而已。”

稻

楚国的火耕水耨的耕作方式，为楚国发展粮食生产，推动楚国政治、经济、军事和文化的发展，为楚国的强盛和发达奠定物质基础。《左传 · 文公十六年》记载，庄王三年（公元前 611 年），楚国遭到严重灾荒，庸国乘机反楚。楚庄王率师伐庸，士兵从郢都携粮出征，“振廪同食”，终于一举灭庸。由此可见，楚国凭借丰足的粮食储备才得以争霸诸侯、称雄七国，并且赢得了“五谷六仞”“粟支十年”“无饥馑之患”等种种赞誉。

水稻旱种

节水栽培

在水稻栽培管理上，我国古代有许多节约用水的传统经验和技术，如育秧移栽、水稻旱种、稻田水层管理技术等。这些技术不仅节约了水资源，而且能促进水稻的生长发育。南方稻田从唐宋以后因稻麦复种的扩大，大部分稻田改用育秧移栽。在育秧的过程中，人们开始利用水资源来提高育苗的效率和过程。浸种催芽技术在《宋史 · 食货志》中，详细地介绍宋真宗亲自参与引种推广占城稻的育苗方法：“大中祥符四年（1011 年）……帝以江淮两浙稍旱即水田不登，遣使就福建取占城稻……南方地暖，二月中下旬至三月上旬，用好竹笼周以稻秆，置此稻于中，外及五斗以上，又以稻秆覆之，入池浸三日，出置宇下。伺其微热如甲拆状，则布于净地，其萌与谷等，即用宽竹器贮之。于耕了平细田，停水深二寸许，布之。经三日，决其水。至五日，视苗长二寸许，即复引水浸之一日，乃可种莳。”上述，占城稻育苗方法，扩大了长江流域水稻种植区域。

王祯《农书》中讲到天晴浇冷水和阴寒天气浇温水来调节种子堆发芽中的温度，则为其他农书所未道及：“至清明节取出，以盆盎别贮，浸之；三日，漉出纳草篅中。晴则暴煖，浥以水，日三数。遇阴寒则浥以温汤，候芽白齐透，然后下种。”明代《便民图纂》讲浸种催芽首次区分旱稻和晚稻，叙述也简明扼要：“早稻清明前，晚稻谷雨前，将种谷包投河水内，昼浸夜收，其芽易出。若未出，用草盦（覆盖）之。芽长二三分许，拆开，抖松，撒田内。撒时必晴明，苗易坚。亦须看潮候。二三日后撒灰于上，则易生根。”

水稻旱种是利用水稻品种的旱生习性，在旱地状态下直播，苗期不灌水，中后期适当间歇灌溉以满足稻株生理需水的种稻方法。它和旱育秧的不同之处在于，后者需要育秧，移栽则在水田中，而水稻旱种为直播，大田不保持水层。据乾隆四川《江津县志》载，当地对没有水源，又不能蓄积冬水的田块，“近得一夹种之法。凡旱田平时耕犁，遇有雨时，再翻犁一过，随犁随播种，其犁路须不疏不密，所播之种乃得均匀。种播既毕，再耙一过，使细土覆种。数日后，出秧苗，有行列，宛如栽播。其根深入土中，最能耐旱。些须得雨，即有收获。”

另外，陈旉《农书》对于秧田的水层管理有精辟的记述：“大抵秧田爱往来活水，怕冷浆生水。青苔薄附，即不长茂。”又：“作塍（田埂）贵阔，则约水（控制水层）深浅得宜。”水层的深浅并非一成不变，要根据天气晴雨而定：“若才撒种子，忽暴风，却急放干水，免风浪淘荡，聚却谷也。忽大雨，必稍增水，为暴雨漂飐，浮起谷根也。若晴，即浅水，从其晒暖也。然不可太浅，太浅即泥皮干坚。不可太深，太深即没沁心而萎黄矣，唯深浅得宜乃善。”

垸田

在沿江、滨湖低地四周用堤围护，堤将农田与外水隔开，通过灌排渠系及操纵堤上的水闸，以调节内水和外水进出的灌排系统的农业区在长江中游叫做“垸”，在湖南、湖北称作垸田。垸田的形成及发展与其所处的自然环境及与此相适应的人类生活方式密切相关，它是当地人民在长期与水争地过程中形成的一种土地利用方式。

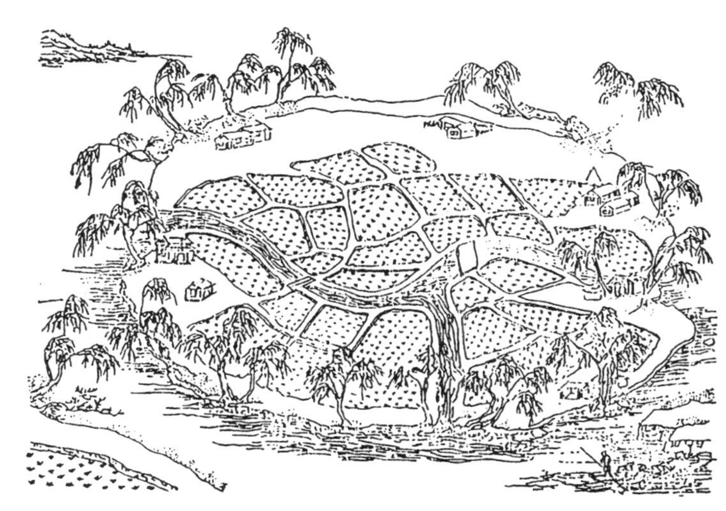

垸田

唐代以前，江汉平原的众多湖泊并未遭到围垦，一直发挥着其正常调节洪水蓄泄的功能，所以史籍上的水灾记载也很少。南宋，政府在江汉平原兴办屯垦，开始将湖渚拓殖为农田，这是垸田大规模垦辟的开始。明朝以后，大规模筑堤围垸。明政府不仅令民自耕，也督促地方官为发展农业生产兴修水利，如筑修万城堤（注：此堤乃今荆江大堤的前身），系整个江汉平原的屏障，它的存毁直接关系着垸田的兴废。

垸田可分水田、旱地、水旱不定型耕地及湖底水田等 4 种；其形成则分先有成熟耕地然后围垸挡水及先围垸再垦辟成田（围湖造田）两种：一种是先有成熟耕地然后围垸挡水而成，如荆州民间于田亩周围筑堤以御水患，名曰院俗作垸；另一种是先围垸再垦辟成田，以江边、湖边为常见，亦即后世所谓的围湖造田。垸有大小之分，大垸内一般包含有多个小垸，江陵县白莒垸就由 13 个较小的垸组成，这些小垸与小垸之间有隔堤，其作用既可防御垸内湖水倒灌，也可防止一垸被淹数垸被淹。有的垸田内还存在有大小不一、数目不等的湖泊，如石首市罗成垸内即有黄白、山底诸湖。

垸田内的耕作制度包括水旱轮作制、单季或双季稻作、粮棉等连作混作轮作等。垸田主要分布在平原湖区，而平原湖区的土壤又主要以近代河流冲积物为基础形成的潴育型水稻土面积最大。潴育型水稻土熟化程度较高，速效养分含量高于其他水稻土类，生产条件最好。垸内旱作土壤的腐殖质含量也很高。正因为如此，垸田作物的产量往往高于同类作物在其他类型土地上种植的产量，因而在以量入为出作为基本赋税标准的封建时代垸田的赋税额往往最高。

圩田

太湖流域的圩田

圩田，主要在河滩、湖滨浅水之处筑堤，用堤圈围出土地。太湖地区由于地势低平，许多地方是经常出现“水涨，成沼泽；水退，为农田”的现象。劳动人民在浅水沼泽，或河湖滩地取土筑堤围垦辟田，筑堤取土之处，必然出现沟洫。为了解决积水问题，又把这类堤岸、沟洫加以扩展，于是逐渐变成了塘浦。当发展到横塘纵浦紧密相接，设置闸门控制排灌时，就演变成为棋盘式的塘浦圩田系统。圩田就是把上述土地改造成为基本上旱涝保收的良田。元代王祯《农书》认为圩田能“捍护外水，难有水旱，皆可救御”。

太湖流域圩田最早约见于春秋中期，当时吴楚不断交兵，吴筑圩附于城，以抗御楚国。太湖地区的圩田形成于唐代中叶以后。五代时吴越国利用军队和强征役夫修浚河堤，加强管理护养制度，设立“都水营田使”官职，把治水与治田结合起来。北宋初，太湖流域圩田废而不治，中期又着手修治。南宋时大盛，作了不少疏浚港浦和围田置闸之类的工程。总的来说，唐朝中期以来，太湖地区圩田已发展成为有规格布局的成片圩田。南宋时太湖流域圩田分布已经很广，在平江境内，即今苏州、吴江、常熟、嘉定等县市，便有 1500 多圩。南宋以后圩田发展到珠江流域及湖南、湖北等地。及至明清，圩田开发日渐深入，圩区经济在封建国家赋税中所占的份额也越来越大。

圩田建设的主要工程是：在濒临塘浦的圩田四周，筑造坚固的堤防。堤的高矮宽窄，视圩的大小、地势和周围水情而定，一般高五尺到二丈，宽数丈。堤上有路，以利通行；堤外植柳，以护堤脚。圩周有闸门，以便旱时开闸，引堤外塘浦之水灌田，涝时闭闸，防外水内侵。圩内穿凿纵横排水渠道，形如棋盘；涝则排田水入渠，旱则戽渠水灌田。圩内地势最低处，则改造成为池塘以集水。圩田虽不能抗御大旱大涝，但对一般水旱有自卫能力，其经济效益远远高于普通农田。

圩田开发与利用，使大量沿江沿湖滩涂变成了良田，促进了太湖流域农业生产的发展，水稻产量提高，这样更巩固了江南的经济地位，“苏湖熟，天下足”的民谚，反映了从南宋起以苏州和湖州为代表的太湖流域，已经成为南宋“天下”的粮仓，这种人工创造的乐土成为当地粮食生产的重要基地。

淮河流域的陂塘

安丰塘——芍坡残余部分

“陂”，原指人工修筑的堤坝，但泽薮称“陂”，都表示筑堤约束水面，进行围垦的意思。陂塘就是利用丘陵起伏的地形特点，经过人工整理的贮水工程，在原有湖泊周围的低处筑堤，蓄水灌溉。

传说夏禹治水时曾“陂障九泽”，韦注：“障，防也。”这大概是利用自然地形稍加修整而成的堤坝，用以防止洪水的漫溢，保护附近的农田和居邑。这种“泽陂”技术的

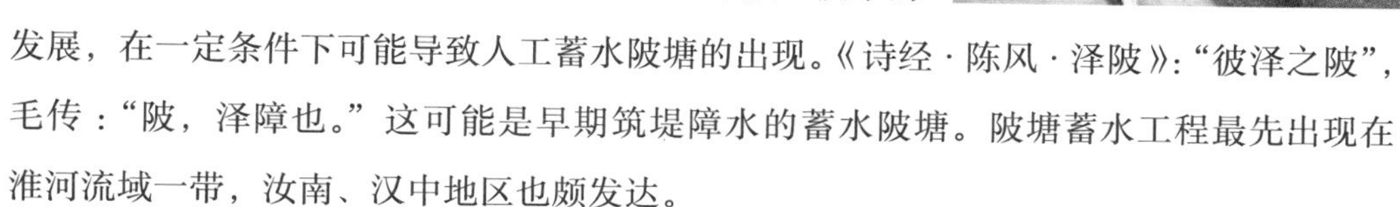

发展，在一定条件下可能导致人工蓄水陂塘的出现。《诗经 · 陈风 · 泽陂》：“彼泽之陂”，毛传：“陂，泽障也。”这可能是早期筑堤障水的蓄水陂塘。陂塘蓄水工程最先出现在淮河流域一带，汝南、汉中地区也颇发达。

春秋中期以后，楚国相继在江淮流域和太湖流域建成一批陂塘工程，则是用于农田

灌溉的陂塘蓄水工程。其中，以芍陂对后世农业生产产生重要影响。芍陂由春秋时楚相孙叔敖主持修建，与都江堰、漳河渠、郑国渠并称为我国古代四大水利工程。芍陂是我国最早的一座大型筑堤蓄水灌溉工程，直径大约 100 里，周围约 300 多里，塘堤周长约 25 公里，水面达 5 万多亩，是寿县古城墙内面积的近 10 倍，蓄水最多时能达到近 1 亿立方米，灌注今安徽寿县以南淠水和肥水之间四万顷田地。今天的安丰塘就是其残存部分。由于芍陂的兴建，使这一地区成为著名的产粮[illegible]，使楚国东境出现了一个大粮仓，为庄王霸业的建立奠定了坚实的物质基础。芍陂对当地农业还发挥着重要的作用，至今仍有 63 万亩稻田受益。汉代，陂塘兴筑已很普遍，陂塘水利加速发展。《淮南子 · 说林训》中有关于陂塘灌溉面积数量的计算 ："十顷之陂可以灌四十顷。" 中小型陂塘适于小农经济的农户修筑，南方地区雨季蓄水以备干旱时用，修筑尤多。元代王祯《农书·农器图谱 · 灌溉门》说 ："惟南方熟于水利，官陂官塘处处有之。民间所自为溪堨、水荡，难以数计"。明代仅江西一地就有陂塘数万个。

总之，修建陂塘蓄水灌溉是春秋战国时代农田水利工程发达的一种表现。大型陂塘楚国首开之例，之后陂塘兴起，为我国南方缺水山区发展稻作农业奠定了基础，对农业生产的作用不可低估。

珠江三角洲的基围

珠江三角洲地区，水系纵横，地势低下，洪涝频繁。在这里发展农业生产，首先要解决防洪、排涝、降渍等问题。北宋以来，珠江三角洲地区河流两岸便不断兴筑堤围，从而形成了基围这种基本农田水利形式。明代后期，随着广州生丝贸易量的增加，珠江三角洲地区的蚕桑业开始迅速发展，促进了一种全新的农田水利与水土资源利用方式的产生，即桑基鱼塘。

桑基鱼塘，是为充分利用珠江三角洲地区的土地与淡水资源而挖深鱼塘、垫高基田，基上种桑、塘内养鱼的一种农业生产与水利建筑。桑基鱼塘一般是把圩田内的面积按照"塘四基六"的比例，将约 40% 低洼处的土地挖深作为鱼塘，再把挖出的塘泥敷高基面，塘内养鱼、养虾，基上种桑或其他作物。鱼塘不仅只是养鱼，还可蓄积圩田内的涝水渍水，起到排涝降渍的作用，并可在干旱时提供灌溉用水以减少旱灾带来的损失。

桑基鱼塘既可最大限度地利用圩田范围内的土地，又可充分利用水资源，化水害为水利。同时，它还可灵活地适应当地经济社会对作物种植和家庭手工业商品生产的需要。大部分桑基鱼塘，除种植桑树外，基上还可种植水稻、果树、甘蔗、花草等，分别称为稻基、果基、蔗基、花基等。

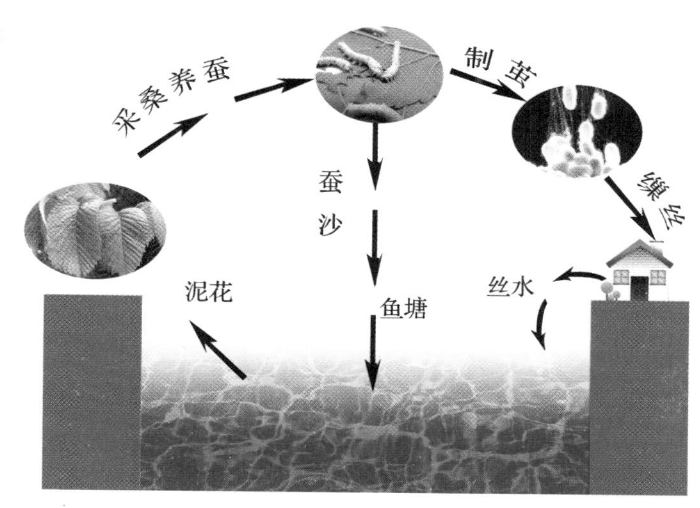

桑基鱼塘循环生产示意图

珠江三角洲地区的桑基鱼塘是种桑、养蚕、养鱼结合，形成了桑叶喂蚕、蚕沙（蚕粪）喂鱼、塘泥（鱼粪）培桑的良性循环。整个生产过程，也是一个生态过程。从生态学角度来看，每一个生产过程中所产生的废物正好是下一个生产过程中所需的原料，每一个生产过程中所产生的废物都能得到循环利用，与生物间的食物链规律吻合。这种人工生态中的食物链平衡，既涉及自然的水陆资源，又涉及种植的植物和养殖动物，还涉及生产门类的农业与手工业。在整个生产过程中，并不需要大量外来的物质与能源投入，在生态循环中实现了对营养、能量的高效充分利用。这种高效农业和手工业结合的生产模式，完全地实现了现代生态农业科学中所强调的“生态上能自我维持,低输入,经济上有生命力”这一生态农业目标。

治水与农业基本经济区的形成

“兴水利，而后有农功；有农功，而后裕国。”这段话生动形象地说明了水利事业、农业生产与国家经济之间存在着密切联系。对此，冀朝鼎在《中国历史上的基本经济区与水利事业的发展》一书中，通过考察中国水利史料，揭示了中国封建社会“基本经济区域”的迁移和中国古代水利事业发展的关系，那就是“在这一时期中，由地主官僚统治着的国家机器，总是把治水活动作为政治斗争中的一种主要手段，而这一基本经济区，就是统一管理那些在不同程度上独立自给地区的经济基地。这种国家内部组织的松散性与各地区自给自足的特性，大大地扩大了地区关系上的重要性与困难，从而，也就显示了作为统一管理的物质基础的基本经济区是多么的必要。因此，对于这样一个国家来说，就可以理所当然地把它的公共水利工程看成是一种武器；这个国家为巩固其基本经济区所采取的应急措施实际上也就无形中支配了它的各项政策。”作者通过这段论述告诉我们，在中国封建历史上，由发达水利灌溉系统支撑着的农业经济区域，实际上构成了封建国家统一或割据的经济基地。

水利是农业经济的命脉，因此，历代政府都很注重对水利设施的维护与建设，诸如灌溉渠系、陂塘、排水与防洪工程以及人工水道等，发展水利事业或者说建设水利工程，其目的在于增加农业产量。大禹治水时期，我国农业经济处于原始发展阶段。在春秋战国至秦汉时期，伴随着关中水利的兴修和黄河治理，初步形成以关中平原和黄河下游为主的农业基本经济区，淮水流域的灌溉经济、汉水流域农业经济区协同发展的格局。在三国魏晋南北朝时期，由于灌溉与防洪事业的发展，长江下游逐渐成为另一个重要农业生产区。在隋唐时期，黄河中游农业经济开始向长江流域南移。五代宋辽时期，长江流域基本经济区处于主体地位。在元明清时期，海河流域农业经济区兴起，太湖流域、淮河流域和珠江流域经济区迅猛发展，加之此前的黄河流域经济，逐步形成了以黄河流域和长江流域为主体、多种农业经济共同发展的农业经济格局。

关中农业经济区

关中平原不仅土壤肥沃，水资源也充沛丰富。秦汉时期，关中地区在全国农业经济发展过程中处于领先地位，其中，农田水利建设的发展为关中地区农业开发和农业经济发展提供了保障。

郑国渠是秦王政元年（公元前 246 年）动工在关中兴建的大型引泾灌溉工程，渠长 300 公里，超过比他早的漳水渠很多倍，比都江堰自灌县至成都段长五倍。郑国渠的兴建，使关中数万亩农田粮食产量大增，成为重要的粮食产区，关中成为沃野，被誉为“天下陆海之地。”郑国渠的开通对增强秦国的经济实力和完成统一大业，发挥了重要作用。随着泾水流域变成肥美与富饶的农田，郑国渠为秦国的强盛和使陕西中部成为中国的第一个基本经济区奠定了物质基础。对这一地区的控制，就为秦国征服其他的封建国家提供了有力的武器。

西汉时，关中地区的富饶。《汉书·张良传》中记载："南有巴蜀之饶，北有胡苑之利，阻三面而固守，独以一面东制诸侯。诸侯安定，河，渭漕挽天下，西给京师；诸侯有变，顺流而下，足以委输。此所谓金城千里，天府之国。"关中地区农业经济的发展与关中水利的兴修有密切关系。汉武帝在西汉休养生息的基础上，为了巩固关中的经济地位，十分重视农田水利建设，以扩大水浇地面积，增加粮食产量。这样武帝时期就在关中地区形成了一个兴建水利的高潮，先后修建了龙首渠、六辅渠、白渠、成国渠等大批农田水利工程。关中最著名的六辅渠，又名"六渠""辅渠"，是古代关中地区六条人工灌溉渠道的总称。《汉书·沟洫志》："自郑国渠起，至元鼎六年，百三十六岁，而倪宽为左内史，奏请穿凿六辅渠，以益溉郑国傍高昂之田。"颜师古注："在郑国渠之里，今尚谓之辅渠，亦曰六渠也。"由此可见，六辅渠是在汉武帝元鼎六年（公元前111年），由左内史倪宽主持修建的，使郑国渠水无法自流灌溉的高地，成为灌溉的田地。《汉书·沟洫志》详细记载六辅渠建成后，汉武帝专门发布的诏令："农天下之本也。泉流灌浸，所以育五谷也。左、右内史地，名山川原甚众，细民未知其利，故为通沟渎，畜陂泽，所以备旱也。今内史稻田租挈重，不与郡同，其议减。令吏民勉农，尽地利，平繇行水，勿使失时。"从这一诏令可以看到汉武帝对农业、水利的高度重视。

漕渠

此外，汉武帝元光六年（公元前129年）还修建一条西起长安穿渭水，东至今华阴以东入黄河，长300余里的漕渠。据《史记·河渠书》载："是时郑当时为大司农，言曰：'异时关东漕粟从渭中上，度六月而罢，而渭水道九百余里，时有难处。引渭穿渠起长安，并南山下，至河三百余里，径，易漕，度可令三月罢；而民田万余顷，又可得以溉田；此损漕省卒，而益肥关中之地得谷'"。除航运外，它还有灌溉农田之利，溉田面积约 1 万顷上下，比白渠多 1 倍以上，约与当时的成国渠相当。漕渠开凿 9 年之后，汉武帝元狩三年（公元前 120 年），又在长安西南凿昆明池，周长 40 多里，将沣水、滈水拦蓄池内。凿昆明池除了用来操练水兵外，还可以调济漕渠水量和供应京师的生活用水。

两汉之际关中地区遭受战争严重破坏，东汉定都洛阳后，经济重心向东有所转移，经济发展不再过分依赖关中，水利建设的重点也随之转移至南阳、汝南等郡及淮、汉流域。史书中记载东汉时期关中地区兴建的唯一水利工程是樊惠渠。该渠系汉顺帝年间京兆尹樊陵，在泾水下游阳陵县（今咸阳市东）主持兴修的引泾灌渠工程。此渠工程不大，然布局紧凑，配套完备，是东汉小型农田灌溉工程的范例。

秦汉关中农田水利建设，使渭、泾、洛三大河流和某些湖泉水资源被开发利用，成国渠、漕渠、郑国渠、白渠横贯狭长的渭川地带和开阔的渭北高原，六辅、灵轵、龙首、樊惠、蒙茏渠等中小型工程有益补充。大小渠道纵横交错，在关中大地形成完备发达的灌溉网络。郑国渠历经各个朝代建设，先后有汉代白公渠、唐代郑白渠、宋代丰利渠、元代王御史渠、明代广惠渠、通济渠、清代龙洞渠及我国著名水利先驱李仪祉于 1932 年主持修建的泾惠渠。渠首 10 平方公里的三角形地带里密布着从战国至今 2200 多年的古渠口遗址 40 多处，映射了不同历史时期引水、蓄水灌溉工程技术的演变，被誉为"中国引水灌溉历史博物馆"。以郑国渠为首的灌溉系统为陕西中部地区的灌溉系统打下了基础，使陕西中部成了中国的基本经济区。

长江流域经济区

长江流域经济区主要指川、湘、鄂、赣、皖、苏、浙和沪地区的农业经济。秦汉至三国时期，长江流域开始形成以农业为主，兼之林、牧、渔、桑业多种经营的农业系统。魏晋南北朝时期，北方战乱频繁，人口大批南迁，为南方尤其是长江下游地区的农业开发提供了大量劳动力和先进技术。这一时期，长江中下游地区的稻作技术有所进步，尤其是陂塘蓄水灌溉工程有了较大发展。由于太湖流域的塘坝蓄水工程建设颇为兴盛，一些大型水利工程动辄溉田千顷万顷，这为长江下游平原地区稻作的扩展创造了条件。

南宋皇城图（局部）

从以上水利兴修情况可以看到，长江流域及其以南地区除了兴建传统的塘、陂、渠、堰以外，把治水和治田结合起来，建设独特的排水网，开辟围田、圩田；杭州的捍海石塘把防潮与排灌结合起来，保护和灌溉农田；成都平原加强排灌的配套工程建设，扩大受益农田面积；荆南则开发洲田。在这些地区，农业生产必然向广度和深度发展。总的来说，至唐代中期即超越北方，成为中国经济中心。在长江下游地区，唐和五代时期，太湖塘浦圩田体系完整，规模庞大，管理严格，水利与围垦相互促进，对改善区域水环境，促进当地稻作农业发展起到了重要作用。

自唐朝以后，从政治上看，我国的重心仍然在北方，然而基本经济区已向南方的长江流域转移。唐代水利工程的兴修、江东犁的定型以及水田耕作工具的不断进步，促使长江流域水稻种植技术趋于精细化，也使水稻土肥力有所提高，土地开垦面积进一步扩大。由于稻米产量的不断增加，长江流域逐步成为重要的粮食产区，经济发展开始后来居上。

五代十国时期，成都平原是长江下游的重要农业区。尤其是前、后蜀的水利比较发达，最大的水利工程——都江堰。以都江堰为总枢纽，形成了成都平原的灌溉系统。五代时，这个灌溉系统继续得到整修管理。后蜀广政年间（938—956 年），设置灌州于灌口镇（今四川灌县），就是为了加强对灌区的管理。新津县的通济渠（即远济渠）开于唐开元年间（713—741 年），主持者为采访使章仇兼琼，灌溉眉州通义、彭山等县农田。唐末，眉州刺史张琳再开通至眉州西南的新渠，和松江相合。《十国春秋 · 张琳传》载："溉田一万五千顷，民被其惠，歌曰：'前有章仇后张公，疏决水利杭稻丰；南阳杜诗不可同，何不用之代天工。'" 前蜀建立后，自仍受其益。东川有嘉州刺史李奉虔修筑的嘉陵江堤堰和开凿二十余处江中湍濑。万州屯田务也当有水利设施。五代时期长江流域，经济上有了很大的进步，但还没有成为完整的经济区。

宋朝政权的南移，大大地促进了长江流域的开发。《宋史 · 食货志》载"大抵南渡后，水田之利，富于中原，故水利大兴。"据统计，宋代全国兴建的水利工程共有 1046 项，其中江苏、浙江和福建三省占 853 项，约占总数的 82%，与《宋史》记载基本吻合。宋时期，荆江堤防的修筑和垸田兴起，拉开了两湖平原开发的序幕。南宋时，很多的维修工程和新围田及其他水利工程的建造，都是在皇帝的命令下完成的，足以证明这些工程的重要，再加上采用了用堤隔水的开垦办法获得了大片湖床与河床土地，使其耕地面积大为增加。宋代的"苏湖熟，天下足"，江南地区粮食产量大幅度提高，成了全国的粮仓，长江流域经济繁荣起来，我国的文化中心、政治中心也随之南移。元朝，国家在河渠和路设置河渠司，各河渠司制定管理分配灌溉用水的规则。《元史 · 河渠志序》载："元有天下，内立都水监，外设各处河渠司，以兴举水利、修理河堤为务。"如元中统三年（1262 年）修成的广济渠，能浇灌济源等五县民田 3000 余顷，国家设置河渠官提调水利，他们维护渠堰、验工分水，20 年中使广济渠沿线农民咸受其利。

隋代大运河路径图

明代以后，为缓解日益加深的人地矛盾，长江下游低洼地区广泛采用基塘生产方式，即植桑养蚕与池塘养鱼综合经营的高效人工生态模式，以提高土地利用率和效益。清代长江中下游地区，地势相对平坦，地形比较低湿，沿江湖各州县，几乎无县不设堤塍护城捍田，圩田大量存在。如长江中游之湖广地区则更多。湖南龙阳县，至少有滨湖围田 76885 亩；湖北监利县，清咸丰九年清丈时，有圩田共 491 处，其中“上田三千八百七十一顷三十七亩”。清同治年间（1862—1874 年），“南堤之内，有田数千顷，俱作堤塍御水”。这些圩田，一方面需要江水灌田，另一方面又要防止洪水溃堤造成破坏。明朝中叶以后，两湖平原人口渐增，农业开发与水利建设尤为兴盛。从明清时期“湖广熟，天下足”的谚语，可以看出来，宋元至明清，下游的“苏湖”和中游“湖广”相继成为全国粮仓和财赋重地，是中国经济的中心。

南北政治、经济和文化交流与沟通主要依靠大运河。大运河的修建把运输、灌溉、防洪以及农业发展紧密地联系在一起的。随着长江流域农业经济的迅速发展，很快成了供应首都漕粮的主要生产地区，最后取得了基本经济区的地位。正如《新唐书·食货志》所述：“唐都长安，而关中号称沃野，然其土地狭，所出不足以给京师，备水旱，故常转漕东南之粟。”在隋唐时期，由于大运河的建造，社会进步的速度大大地加快，而这一时期的南方，也确实赶上了北方。元代修建大运河在明清朝起到了南北交通干线的作用，为经济持续发展注入了活力。

我国的农业经济由黄河中游向长江流域转移与农田水利建设、气候干旱化、美洲作物的引进有密切关系。在一定程度上，经济中心的南移，显然是一种治水活动与社会互动发展的结果。秦汉以前，我国古代的经济重心在黄河流域，尤其是黄河中下游地区成为华夏历史文明的中心。从唐朝开始，黄河流域的经济地位开始逐渐丧失，由于北方频繁的战乱和日益恶化的气候使北方的农业生产遭到严重的破坏。唐安史之乱后，中原人大量南迁，北方的一些先进的农业技术也随之带到南方，使南方农业获得很大发展，为全国经济重心的转移奠定了基础。与此同时，自唐代以降，由于江东犁的定型，耕作工具不断发展，为南方水稻种植和农业经济的发展创造了条件。再加上江南地区由于优越的耕作环境保证了南方农作物的相互衔接，人工植被覆盖良好，为粮食生产提供了优越的自然环境。水稻种植的推广，又使南方土地进一步熟化，水稻田增加，南方农业经济开始良性发展。至此，唐末，黄河流域作为国家经济重心的格局从唐代逐渐丧失。宋代以后，随着全国经济重心的转移，长江三角洲地区开始成为江南以至全国的经济中心。

第五章 治水与商业发展

商业发展经历了一个漫长的历史过程。远古时炎帝、黄帝最早提倡和发展了商品交换。舜为已知亲自从事买卖的第一人，可称“华夏第一贾”，可谓中华商业始祖。禹时天下一统，《管子》记载他曾亲自主持铸币这一重大活动，说明大禹时代已开始商品交易活动。此后，在实现了多次社会大分工后，商业日趋发达，社会上出现了专门从事商业的阶层，商民重视经商，后世将经商的人称为“商人”；商代商业有更大发展，以贝作为货币进行交易。

春秋战国时期，我国出现了睢阳（今商丘市睢阳区）、定陶（今山东定陶县，当时属宋国）和彭城（今江苏徐州市，当时属宋国）等著名的商业城市，形成“三都鼎立”的局面。两汉时期，商业呈现空前繁荣局面，城市都设有专供贸易的“市”，货币以黄金和铜钱为主币，到汉武帝时通用五铢钱；一些名都大邑相当繁荣，除长安外，还有洛阳、成都、邯郸、临淄和宛，当时称为“五都”。对外贸易经张骞、班超开拓，打通连接亚洲、非洲、欧洲路上商业贸易路线，称之为“丝绸之路”。

隋唐时期，发达的水陆交通，商人足迹遍布全国，城市经济发达，管理严格、规范，市内有邸店和柜坊。长安、洛阳、成都、扬州等都市商业繁荣。元朝时期，城市以大都、杭州和泉州最为著名；大都是政治文化中心，也是国际性的商业大都会；杭州是南方最大的商业和手工业中心。

明清时期，商品经济空前活跃，大量农产品、手工业产品投放市场；区域间的长途贩运贸易发展较快，北京和南京是全国性的商贸城市；全国出现了数十座城市；商品经济向农村延伸，市镇如雨后春笋蓬勃兴起，但由于“重农抑商”政策，商品经济的发展步履维艰。

水运系国运，水运兴，则国运昌。治水同国家政权的稳定、政治的清明以及国强民富之间有着必然的联系。治水活动和实践促进了农业生产的发展。农业的发展推动手工业进步、商业兴盛、城市繁荣，尤其是河运与海上贸易的发达、人工运河的开凿，为商品经济的繁荣和运河城镇的发展提供了条件。治水促进了经济发展和社会进步。

市的起源

在采集狩猎阶段，原始先民逐水而居，没有城，也没有市。农业出现后，开始定居。“市”萌芽于龙山文化至夏朝。《太平御览》卷一九二引《世本》:“祝融作市。”从文献记载来看，祝融正是生活在父系氏族公社末期，由贫富分化到阶级分化、私有制和商品交换产生的时代。在考古发掘中，直至殷商时期的城市遗址中尚未见有市场的遗迹。所以说，最早出现的“城”与“市”未必有什么直接关系，只是社会发展到一定历史阶段，城市机构设施逐渐完善以后，由于城市中人口较为集中,市也逐渐在“城市”中得到了发展,于是“城”与“市”两者才逐渐紧密结合起来。

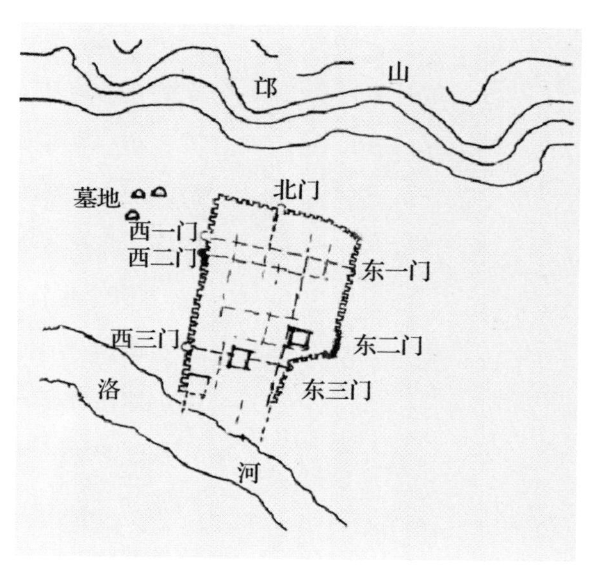

殷商时期商城遗址平面图

市的起源与水井有很大的关系。《管子 · 小匡》:“处商必就市井”,“立市必四方，若造井之制”。《孟子 · 公孙丑下》载 :“古之为市也，以其所有，易其所无者，有司者治之耳。”《史记 · 平准书》曰 :“山川园池市井租税之入。”《正义》曰 :“古人未有井，(及井) 若朝聚井汲水，便将货物于井边货买，故言市井也。”《汉书 · 货殖传序》:“商相与语财利于市井”，颜师古注 :“凡言市井者，市，交易之处；井，共汲之所，故总而言之也。”市与井便联系在一起。“市井”“阛阓”诸词反映了“市”的出现与形成过程。所以，我们把最早商品买卖的地方称为“市井”。

《风俗通义》曰 :“俗说市井，谓至市者当于井上洗濯，其物香洁，及自严饰，乃至市也。”这也说明原始之市起源于村邑，以市为井是很自然的，因为买卖当须于井边

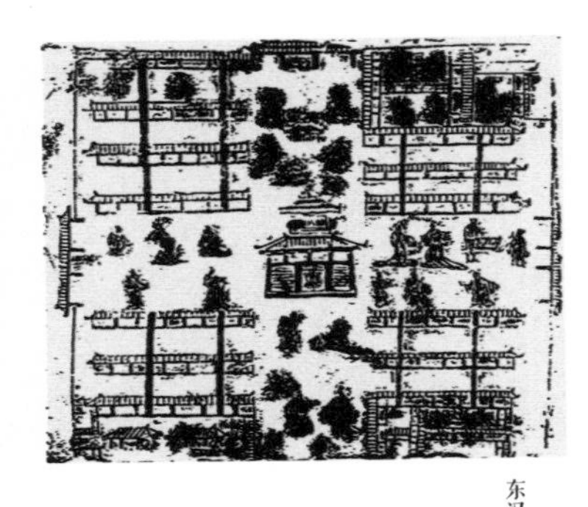

东汉市井图

洗濯，而井又是人民共聚之处。因而，我们认为，水井与人口的聚居和商品交易有着密切关系，人们在水井周围交换商品，最早的买卖场所是在水井旁边。其交换的地点与时间是约定俗成的：各家成员经常相遇的地点与时间。在许多地方，由于居民聚居区（闾、里、坊）几乎都有水井，各户都从井中取水，且取水都有生活习惯所形成的固定时间。井旁便成为居民经常见面的地方，也自然地成为交换物品之地。各户到井中取水的时间自然地成为交换物品的时间。

《说文解字》解释："市，买卖之所也。"最早的交换是物物交换。《管子·揆度》谓尧舜时以邑粟和财物"市虎豹之皮"。随着交换的发展，商人开始出现，等价物逐渐固定到几种物品上，如多数家庭使用的生产工具（如纺轮、铲、斧等）与生活用品（如刀、布、帛等）。通过无数次交换，它们被人们在实践中选择为一般等价物，从一般商品演变为特殊的商品，即货币。商人和货币产生之后，使产品交换进入商品交换阶段，产生了商业这个产业和商人这个阶层。这个产业的载体和这个阶层固定的活动地方便是"市"，也就是市区域市场。

战国时期，市的发展已经相当完备，交换的场所发生变化，但与水井仍有很大的关系。如在楚都纪南城遗址，发现各类水井 256 口。在北京城西南的蓟城遗址，水井分布最稠密的地区，6 平方米范围内有 4 口之多。在湖北郭家岗遗址相距 3 米左右就发现 3 口水井，共发现 7 口水井。在北京地区发现有 65 口古瓦井，其中 36 口是东周时期建造，这些遗址不仅是战国时期的著名城市，而且也是居民聚居区，市的交易场所发生地，发现的密集水井群与市的繁荣和发达是分不开的。

综上所述，我国市的起源与水井有很大的关系。水井周围因为公众汲水就成了公共生活空间，并逐渐形成为在水井边进行买卖活动的场所，水井是市的发源地。水井是先秦时期先民最简单、最小的交易地方；市井是比水井高一级，商品交易较为发达的贸易之地，又指平民的住宅区，市场是市井的发展方向。

河运与水上运输

我国地势自古以来西高东低，黄河、淮河、长江、珠江等主要大河都是由西向东流，东西的水上交通比较方便，但是南北的水运却困难很大，所以有必要在南北之间开凿人工河道。再加上上述西东走向的主要河流的支流多是南北走向，而且各条大河的支流之间往往相距很近，这些大河的中下游又地势平坦，湖泊星罗棋布，也就非常便于开凿人工河道。因此，我国劳动人民为了生存和发展，在利用天然的内河、湖泊和海洋航运的同时，很早就设计并开挖人工运河，接通天然河道，扩大了航运范围。中国是世界上最早开凿运河的国家，春秋时期即挖通了一批比较重要的运河，到战国和秦汉时期，一个全国性的运河网便初步形成了。

河运的肇始

春秋末年，阖闾、夫差父子相继为吴王时，吴国在伍子胥、孙武等人的帮助下，逐渐强盛起来。吴国为了攻打楚国，于公元前506年开挖了胥河，船舶可以从苏州通太湖，经宜兴、高淳，穿石臼湖，在芜湖注入长江，大大缩短了从苏州到安徽巢湖一带的路程。吴打败楚后，继而又攻破越国，迫使越王勾践臣服于吴。取得两次重大的胜利后，夫差认为吴国在长江流域的霸主地位已经确立，决定进一步用兵北方，迫使北方诸侯也听从他的号令，于是在公元前486年秋，吴国修通了邗沟。古邗城在今扬州市西北郊蜀冈一带，其遗址经发掘，周长约6公里。构筑邗城的目的，是在江北建立其进军北方的基地。凿邗沟是便于向北运送军队和粮食。后人又称邗沟山阳渎，据《水经注·淮水注》的记载，它从邗城西南引长江水，绕过城东，折向北流，从陆阳、武广两湖（分别位于今高邮县东西）间穿过，北注樊梁湖（今高邮县北境），又折向东北，穿过博芝、射阳两湖（位于兴化、宝应间），再折向西北，到末口（今淮安市东北）入淮河。邗沟渠线之所以比较曲折，

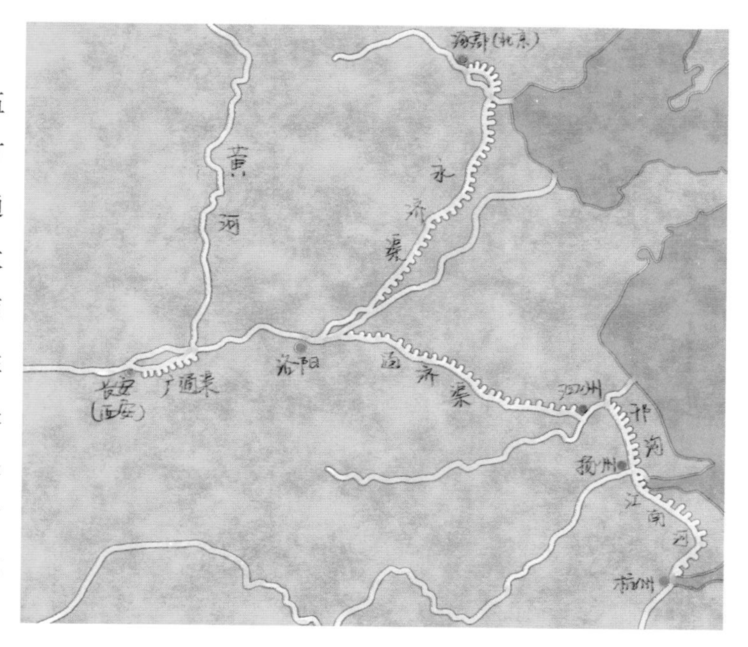

邗沟位置示意图

主要原因是要利用湖泊，以便减少工程量。从此，吴国军队通过这条运河从长江直接进入淮河，可以从水路上攻打齐国，进兵中原大地。这条运河全长约150公里，它开通后大大便利了南北航运，为后来江淮运河的发展奠立了初步基础。

据史书记载，邗沟是我国，也是世界上有确切纪年的第一条大型运河。凿邗沟后的第三年，即公元前484年，吴军与齐军大战于艾陵（今山东泰安市南），齐军几乎全军覆灭。吴国打败齐国后，决定再开一条运河，进军中原，以军事力量为后盾，迫使原来北方诸侯首领晋国就范。那时，黄淮之间的东部，有两条较大的自然河道，一条是济水，原黄河的岔道；另一条是泗水，最终流入淮河。泗水与济水很近，只要在两河间开一条运河，吴国的军队就可以从淮河进入泗水，通过运河转入济水，上溯济水，可达中原腹地。于是在公元前482年，吴国夫差就在今山东省鱼台县东和定陶县东北之间凿开一条新水道，因其水源来自菏泽，故称菏水。菏水同胥河、邗沟一样，都是吴国为了政治、军事需要而开凿的，但在其后来，对加强黄河、淮河和长江三大流域的经济、政治、文化的联系起到了重要作用。

战国时期，最先进行变法的魏国成为这一时期七国中最先强盛起来的国家。魏惠王在位时（公元前369—前319年），为了与列国角逐，迁都于大梁（今河南开封西北）。魏惠王九年（公元前360年），《史记·河渠志》载魏国动工开挖以大梁为中心，“通宋、郑、陈、蔡、曹、卫，与济、汝、淮、泗相会”的运河，这就是历史上著名的鸿沟。鸿沟先在河南荥阳把黄河带有较多泥沙的水引入圃田泽（在今河南省中牟县西，已湮），使水中的大部分泥沙沉积在圃田泽中，既减轻下游渠道的堵塞，又使圃田泽起到水柜的作用，调节鸿沟的水量。然后引水向东，绕过大梁城的北面和东面，向南与淮河支流丹水、睢水、涡水、颍水等连接起来，许多自然河道连结成网，船只可以畅通无阻。鸿沟的开凿，不仅在黄河、淮河、济水之间，形成了一个相当完整的水上交通网，而且由于它所联系的地区都是当时我国经济、政治、文化最发达的地区，所以在历史上影响深远。

灵渠与凿渠运粮

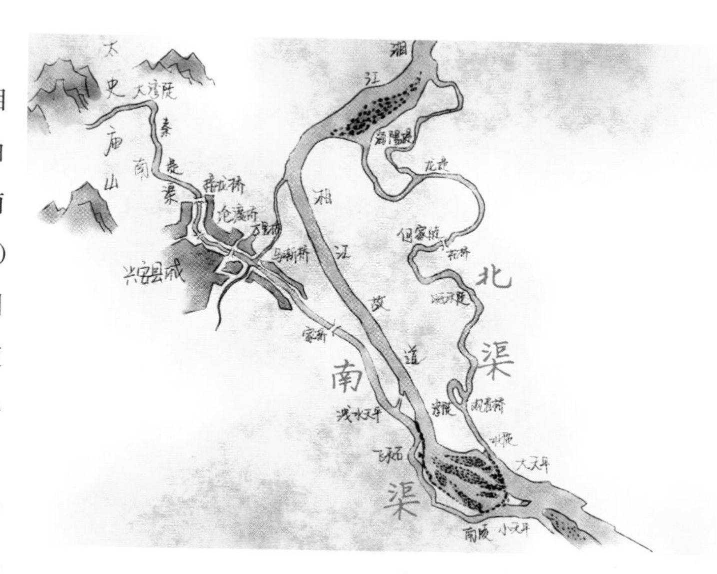

灵渠位置示意图

灵渠，古称秦凿渠、零渠、陡河、兴安运河、湘桂运河，位于广西壮族自治区兴安县境内。灵渠流向由东向西，将兴安县东面的海洋河（湘江源头，流向由南向北）和兴安县西面的大溶江（漓江源头，流向由北向南）相连，是世界上最古老的运河之一，有着“世界古代水利建筑明珠”的美誉。灵渠通过铧嘴分流的海阳河水，滚滚流向被称为大小天平的水坝，经拦蓄而提升的流水分别导入连接湘漓两江的运河。

公元前221年，秦始皇统一了中原地区，接着又向岭南进军。但是战争并不像预料的那样顺利。五岭的险峻地形，使行军极度困难。粮草的运输主要靠人背牲口驮。运粮队伍要翻山越岭，走上好些日子，除去自己的消耗，到达营地时已经所剩无几。更麻烦的是，行进在崇山峻岭的运粮队伍，往往要遭到敌人的突然袭击。粮草问题，更直接地说是运输问题，如果不能得到解决，作战根本无法取得胜利。就这样，常常空着肚子打仗的秦军连战三年，还是没有什么明显进展。

秦始皇二十八年（公元前219年），秦始皇出巡到湘江上游，为了解决南征部队的粮饷运输问题，决定派水利专家史禄领导“凿渠运粮”，在五岭之上开一条运河。运河的路线，选在今天广西壮族自治区兴安县城附近湘江和漓江的分水岭上。这里两江相近，最近处不到1.5公里，山又不太高，相对高度20～30米。只需沟通两江，中原地区用船运来的粮草，就可以从水路一直越过五岭，进入岭南地区。为了完成这个任务，数十万秦军和民工，开石劈山，进行了艰苦的劳动。

经过5年多的努力，到秦始皇三十三年（公元前214年），这条长33公里的灵渠终于挖成，运输问题解决了，秦始皇下令向岭南增派援军。这一次，秦军取得完胜，控制了岭南，并在今桂林、广州和雷州半岛等地方设置了三个郡。这样，秦朝就有了40个郡。

中国出现了空前统一的局面，珠江水系与长江水系可以直接通航。

灵渠的凿通，沟通了湘江、漓江，打通了南北水上通道，为秦王朝统一岭南提供了重要的保证，大批粮草经水路运往岭南，有了充足的物资供应。灵渠联接了长江和珠江两大水系，构成了遍布华东华南的水运网。自秦以来，对巩固国家的统一，加强南北政治、经济、文化的交流，密切各族人民的往来，都起到了积极作用。灵渠虽经历代修整，依然发挥着重要作用。灵渠是世界上最早的建造并使用船闸的运河，也是最早的跨越山岭的运河。

长安广运潭与水上运输展览会

广运潭遗址

广运潭，位于灞河中下游，史称“灞上”，历史悠久、文化积淀深厚。灞河的源头由山涧形成，发源于秦岭东部洛南和华阴县交界处的草链岭（一说蓝田箭峪岭）。草链岭海拔约 2645 米，与华山遥遥相望，半年积雪，半年消融，岭南雪水流入洛河，岭北雪水泻入灞河，滋润了洛阳和长安两大文明古都。灞河紧傍西安城东流过，全长约 109 公里，流域面积约 2563 平方公里。秦汉时曾在灞河上架有木桥，名曰“灞桥”，是关中连接东部和西部的交通要冲。隋初将灞桥改建成石桥，唐朝中期在石桥之南另建木桥，于是有了南灞桥和北灞桥之分。

广运潭，唐朝时京城长安的漕运港口，遗址位于今西安市主城区东北浐河灞河交汇的生态景区内。据史料记载，广运潭开凿于唐天宝九年（750 年），由时任陕郡太守的长安韦曲人韦坚主持修建。通航之后，来自扬州、镇江、常州等全国各地装满粮草特产的船舶进京后纷纷停靠在潭里，唐玄宗将这一京都码头赐名为“广运潭”。据《旧唐书》记载：“天宝元年三月，（韦坚）擢为陕郡太守，水陆转运使……奏请于咸阳拥渭水做兴成堰，截灞、浐水傍渭东注，至关西永丰仓下与渭合。于长安东九里长乐坡下，浐水之上架苑墙，东面有望春楼，楼下穿广运潭以通舟楫，二年而成。”

广运潭的建成给唐都长安带来了交通运输之便利，是全国各地向京城漕运的重要港口，促进了长安经济繁荣。长安人口百万，重要的水源地就是灞河和浐河。城区东北部居民，包括大明宫、兴庆宫等都从浐河汲取饮用水。大明宫内的太液池、兴庆宫内的龙池两大人工湖泊，也从浐河引水。

史载唐玄宗曾在广运潭举办了一次全国性的水运博览会，参会商船200多只，从江南运到长安的粮食最高达到700万石，规模盛大。江南的金银财宝、绫罗绸缎、瓷器酒具、名酒茶叶、文房四宝、名贵药材等，天南海北的奇珍异宝、地方特产汇集于此，繁华异常。《旧唐书·韦坚传》记载了当时的盛况：船上除了装运粮食外，还装有各地的土特产。如广陵郡的船，装的是广陵所产的锦、镜、铜器、海味；丹阳郡的船，装的是京口的绫衫缎；晋陵郡的船，装的是绫绣；会稽郡的船，装的是铜器、吴绫、绛纱；南海郡的船，装的是玳瑁、珍珠、象牙、沉香；豫章郡的船，装的是名瓷、酒器、茶釜、茶铛、茶碗；宣城郡的船，装的是空青石、纸、笔、黄莲；始安郡的船，装的是蕉葛、蟒蛇胆、翡翠，共有数十个郡的船。驾船的船工都戴着大大的斗笠，穿着宽袖的衣服和草鞋，用鼓笛箭笙伴奏，边歌边舞。第一条船上的人带头领唱，其他船上的人随着和唱。100多位穿着鲜艳服装的妇女，随着歌声表演优美的舞蹈。一船领航，其余的船只徐徐跟上。到了望春楼下，船樯延绵数里，盛况空前。参观的人群，欢声笑语，热闹非常。这里要注意的是：几百条船所展览的都是各地所出产的物资，不仅有粮食，而且其他物品应有尽有。它们主要是通过大运河送到长安这个经济中心来的。

唐广运潭盛况

中唐以后，以大运河为主干的内河航运作用越来越大，这条大运河确实像大动脉之于身体那样重要。那时，江淮地区差不多负担封建王朝赋税来源的9/10，那么多的赋税几乎全靠大运河转运。“开元盛世”的喜庆色彩，也曾一度冲淡了“霸陵伤别”抑郁气氛，灞河的霸气融入了圣明之世的灿烂辉煌。过去的广运潭，完成了霸气—伤别—辉煌三部曲，留在历史老人头脑中的只是一页残缺不全的记忆。

海运与海上贸易

早在距今 7000 年前的新石器时代晚期，中华民族的祖先已能以原始的舟筏浮具和原始的导航知识开始海上航行，是我国航运文明的肇始。夏商周以来，由于地理学、天文学、造船技术、航海技术等广泛运用，我国与西亚、非洲沿岸国家间的航运有了很大发展，海上丝绸之路形成。唐朝时，我国航海前往阿拉伯乃至非洲沿岸国家。宋代开辟了横越印度洋的航线，从广州、泉州启航，横越北印度洋，直航至西亚和非洲东海岸。元代，阿拉伯的天文航海技术传入中国，也促进了我国航海文明的发展。郑和七下西洋创造了航海史上的奇迹，开创我国海上贸易的新纪元。

海上丝绸之路

海上丝绸之路是古代中国与外国交通贸易和文化交往的海上通道，它主要有东海起航线和南海起航线，形成于秦汉时期，发展于三国隋朝时期，繁荣于唐宋时期，转变于明清时期，是已知的最为古老的海上航线。海上丝绸之路不仅仅运输丝绸，而且也运输瓷器、糖、五金等出口货物，和香料、药材、宝石等进口货物，陶瓷为主要出口物品。

在西汉，我国船只从广东、广西越南等地的港口出海，沿中南半岛东岸航行，最后到达东南亚各国。西汉时，中国的丝绸制品已通过中亚陆路商道（陆上丝绸之路）声名远扬。但作为丝织品的供应商中国和需求方罗马帝国始终无法直接的对接，这是因为此时大月氏和安息横插在商路上成为两大帝国的贸易屏障。汉代丝绸之路输出品的货源来看，蚕丝和丝绸产地都在沿海的江南吴、越和山东齐、鲁一带，这些地方自古以来便是盛产蚕丝和造船的基地；沿海从南到北，自合浦、番禺、闽越（福州）、永嘉（温州）、会稽、到琅琊、东莱（山东掖县至福山）渤海（河北沧县）均是秦汉时期著名的造船基地。这些地方既能对外输出提供货源，又能提供航海外输的运载工具。

《汉书·地理志》记载的海上丝绸之路大体形成如下：自日南（今越南中部）或徐闻（今属广东）、合浦（今属广西）乘船出海，顺中南半岛东岸南行，经 5 个月抵达湄公河三角洲的都元（今越南南部的迪石）。复沿中南半岛的西岸北行，经 4 个月航抵湄南河口的邑卢（今泰国之佛统）。自此南下沿马来半岛东岸，经 20 余日驶抵湛离（今泰国之巴蜀），在此弃船登岸，横越地峡，步行10余日，抵达夫首都卢（今缅甸之丹那沙林）。再登船向西航行于印度洋，经两个多月到达黄支国（今印度东南海岸之康契普腊姆）。回国时，由黄支南下至已不程国（今斯里兰卡），然后向东直航，经8个月驶抵马六甲海峡，泊于皮宗（今新加坡西面之皮散岛），最后再航行两个多月，由皮宗驶达日南郡的象林县境（治所在今越南维川县南的茶荞）。

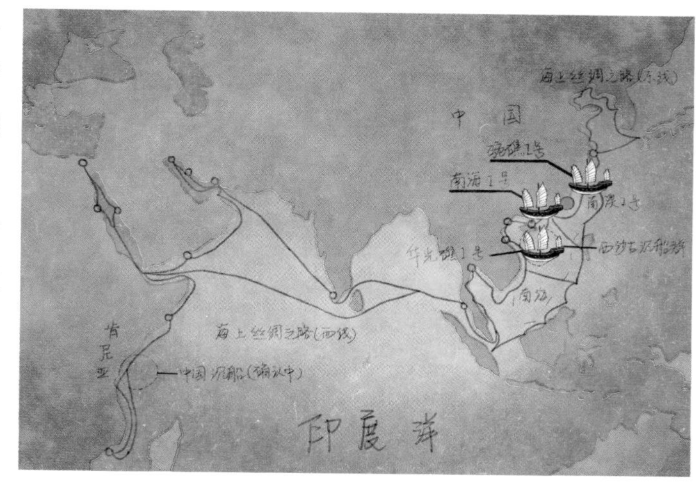

海上丝绸之路示意图

西汉的海上丝绸之路西行线的终点是斯里兰卡和印度，并没有实现同罗马帝国的贸易对接。在东汉以及之后的三国时期，在中外航海贸易商的努力下，两个大国终于直航了。东汉海上丝绸之路西行线路：永昌郡到掸国（缅甸）出海，永昌郡建于东汉永平十二年（公元69年），辖区相当于今之云南大理及哀牢山以西地区，治所在不韦（今云南保山）。是当时与掸国、天竺、大秦等国进行贸易的通商要地。由保山沿萨尔温江可以直达缅甸的毛淡棉海口。这条线路是借由缅甸为中介，永宁元年缅甸王雍带领一群罗马马戏团人员上朝庆贺年号的变更，这也是有所记录的最早的一批抵达中国的罗马人。

东汉西行路线继续西汉的徐闻、合浦线路。此条线路属于官方航线，罗马的使节商人都是通过这条航线抵达中国。东汉延熹九年（166年），罗马帝国国王安东尼派遣使节沿着这条航线带来了象牙、犀角等礼品。至此中西航线对接成功。

唐宋之后，随着航海技术和造船技术的发展，海上丝绸之路航线更加遥远，贸易也愈显繁荣，对于中国瓷器来说，再也没有比水运更加便捷和安全的运输方式，这条航线也被称为"陶瓷之路"。海上通道在隋唐时运送的主要大宗货物是丝绸，所以大家都把这条连接东西方的海道叫作海上丝绸之路。到了宋元时期，瓷器的出口渐渐成为主要货物，因此，人们也把它叫作"海上陶瓷之路"。同时，还由于输入的商品历来主要是香料，因此也把它称作"海上香料之路"。

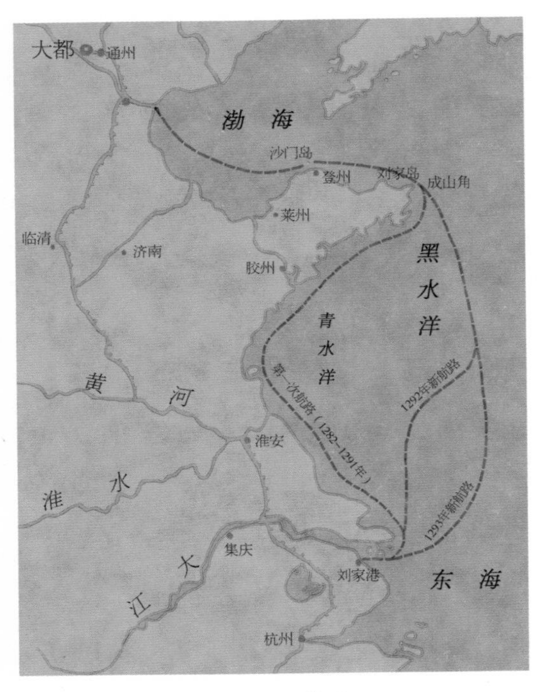

元代海运主航道示意图

广州与唐代海上贸易

在中国古代海外贸易史上，唐朝是一个重要的发展时期。唐朝以广州为中心的海外交易的重要性大大超过前代。广州市舶使，负责管理市舶司事，向前来贸易的船舶征收关税，代表皇室采购一定数量的舶来品，管理商人向皇帝进贡的物品，对市舶贸易进行监督和管理。唐高宗显庆六年（661 年），创设市舶使于广州，总管海路邦交外贸，派专官充任。唐开元二年（714 年），右威卫中郎将周庆立为安南市舶使。宋朝亦置，为市舶司主管，掌海外贸易事。唐中期以后，两地都渐有进展，岭南以广州（岭南节度使治所）为中心，福建以福州（唐时福建经略使治所）为中心，形成两个区域。广州是海上贸易的主要城市，福建的泉州，唐时也开始成为通商港口，海上贸易对这两区有重要意义。

唐朝，船只从广州起航，向南行至珠江口的屯门港，然后折往西南方，过海南岛东北角附近的七洲洋，到达越南东南部的海面，再南下越马来半岛湄公河口，通过新加坡海峡到苏门答腊岛。由此东南往爪哇，西北出马六甲海峡，横越印度洋抵达斯里兰卡和印度半岛南端。再沿印度西海岸至波斯湾的奥波拉港和巴士拉港，如果换乘小船，沿幼发拉底河湖流而上，还可以到达现在的巴格达。不过，广州海外进口商品交易主要是为了满足皇室的奢侈性消费需求。

唐朝与各国的海上交往达到了全面繁荣时期。唐都长安发展成为国际性的大城市。海外各国的使者、留学生、留学僧、商人不断地到中国来，学习中国先进的文化、政治典章制度，进行贸易。这是唐代国家强盛、物产丰饶、科技发达、文化领先的必然结果。中国人在海外被称为“唐人”。“唐人”也常常乘海船前往海外。唐代开辟了多条海上航线，加强了对海外的经济文化交流及友好往来。与盛唐同时，8 世纪中期西方崛起了地跨欧、亚、非三洲的阿拉伯帝国。到唐中期，海上丝绸之路的文化贸易来往进入新的高峰。这条海路的起点我国南方的广州，港口桅樯林立，旌旗飘扬，巨舶进进出出，从广州开出的远洋船只每天就有 10 余艘。在这里中外各国商贾云集，市场熙熙攘攘。唐德宗贞元时（785—805 年）宰相、地理学家贾耽（730—805 年）所著《广州通海夷道》一文纪录了这条海上航线的所经之处。这条航线从中国广州开始，过海南岛东南，沿南海的印度支那半岛东岸而行，过暹罗湾，沿马来半岛南下，至苏门答腊岛东南部，航抵爪哇岛。再西出马六甲海峡，经尼科巴群岛，横渡孟加拉湾至狮子国（今斯里兰卡），再沿印度半岛西岸航行，过阿拉伯海，经霍尔木兹海峡抵波斯湾头阿巴丹附近，再溯幼发拉底河至巴士拉，又西北陆行到底格里斯河畔的阿拉伯帝国都城巴格达。如果继续西行，除陆上通往地中海外，还可由波斯湾再出霍尔木兹海峡，沿阿拉伯半岛南岸西航经阿曼、也门至红海海口的曼德海峡，南下至东非沿海各港口。贾耽所记这条航线从广州出发至巴士拉用 90 余天。从巴士拉向西航行至东非坦桑尼亚的达累斯萨拉姆用 48 天。唐代远洋海船能航行于西太平洋和北印度洋水域，可知唐代远洋航行能力之强。唐人将航船泊岸之处盛产之象牙、犀角、珍珠、宝石、珊瑚、琉璃和乳香、龙涎香等各种香料，以及玳瑁等物大量收购后输往中国，而中国的丝绸、瓷器、茶叶、铁器等物产也远销亚非各国。唐代的海外贸易盛况达到了空前的程度。

泉州港与元代航运

泉州港古代称为“刺桐港”，是福建省泉州市东南晋江下游滨海的港湾，南至围头湾厦门市同安区莲河，海岸线总长 541 公里，历史上曾以“四湾十六港”著称。泉州港距今已有 1500 多年历史，是世界千年航海史上独占 400 年鳌头的“东方第一大港”、与亚历山大港齐名，联合国唯一认定的“海上丝绸之路起点”。以泉州为中心的航海贸易为龙头，与亚洲海域“北洋”“东洋”“西洋”实现了连接与互动，形成了东方世界的海洋经济圈。正是这座港口，宋元时期给泉州带来了“市井十洲人”“涨海声中万国商”的繁荣景象，整座城市多元的文化。

元代泉州港得到了进一步的发展，有贸易关系的国家和地区增至近百个，其贸易范围仍以通西洋为主，相对稳定的航线大抵与宋相仿。当时，泉州港是国际重要的贸易港，也是中外各种商品的主要集散地之一。经泉州港进口的香料有 58 种，宝货珍玩 12 种，工业原料 27 种，纺织品 19 种，金属物 9 种，器用品 6 种，副食品 7 种。经泉州出口的丝绸织品 54 种，陶瓷器 41 种，金属、杂货和药物 63 种，远销到 64 个国家和地区。元朝后期泉州莆田出现亦思巴奚战乱，泉州港在明清两代和民国时期衰落。

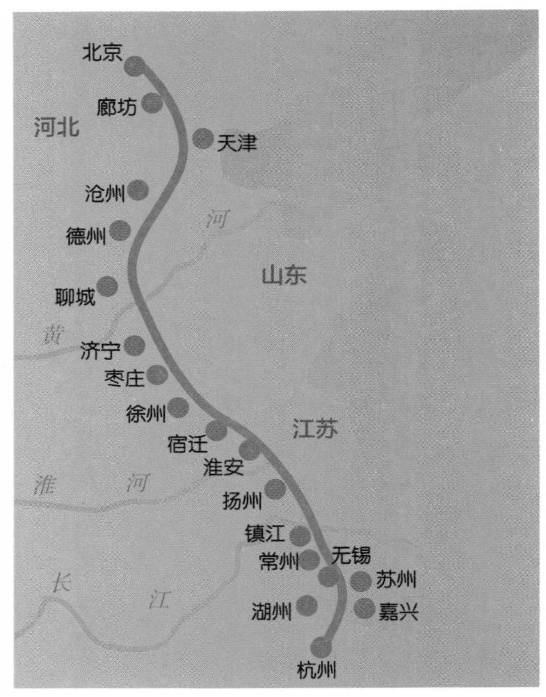

大运河路线示意图

大运河走向与沿河城市的兴衰

大运河由隋唐大运河、京杭大运河、浙东大运河三部分组成。全长 2700 公里，跨越地球 10 多个纬度，纵贯在我国最富饶的华北大平原与江南水乡上，是我国古代南北交通的大动脉，也是世界上开凿最早、规模最大的运河。大运河南起余杭（今杭州），北到涿郡（今北京），途经今浙江、江苏、山东、河北四省及天津、北京两市，贯通海河、黄河、淮河、长江、钱塘江五大水系，对我国南北地区之间的经济、文化发展与交流，特别是对沿线地区工农业经济的发展起了巨大作用。京杭大运河在世界内河航运史上占有重要地位的是世界上最长的大运河。2002 年，大运河被纳入了“南水北调”三线工程之一。2014 年，大运河成为我国第 46 个世界遗产项目，是我国古代劳动人民在东部平原上创造的一项伟大的水利工程，为世界上最长的运河，也是世界上开凿最早、规模最大的运河。

大运河由春秋吴国为伐齐国而开凿，隋朝大幅度扩修并贯通至都城洛阳且连涿郡，元朝翻修时弃洛阳而取直至北京。隋唐时期，我国内河航运进入了一个新的历史发展时期。隋大业元年（605 年），隋炀帝杨广下令开凿一条贯通南北的大运河。这时主要是开凿通济渠和永济渠。黄河南岸的通济渠工程，是在洛阳附近引黄河的水，行向东南，进入汴水（今已湮塞），沟通黄、淮两大河流的水运。通济渠又叫御河，是黄河、汴水和淮河三条河流水路沟通的开始。隋朝的都城是长安，所以当时的主要漕运路线是：沿江南运河到京口（今镇江）渡长江，再顺山阳渎北上，进而转入通济渠，逆黄河、渭河向上，最后抵达长安。黄河以北开凿的永济渠，是利用沁水、淇水、卫河等河为水源，引水通航，在天津西北利用芦沟（永定河），直达涿郡（今北京）的运河。隋大业六年（610 年），南北大运河开凿完工，大大便利了南北交通，加强了京都和河北、江南地区的水上运输。当年，航行在运河里的船队，南来北往，舳舻千里，呈现出一派繁忙景象。不过，隋朝是一个短促的朝代，开河不久就灭亡了。元朝定都大都（今北京）后，要从江浙一带运粮到大都。但隋朝的大运河，在海河和淮河中间的一段，是以洛阳为中心向东北和东南伸展的。为了避免绕道洛阳，裁弯取直，元朝就修建了济州、会通、通惠等河，明、清两代，又对大运河中的许多河段进行了改造。

大运河的主要功能，集航运、灌溉、防洪工程于一体，是农业文明中打入商业文明的楔子。运河的贯通，除承担传统意义上的农业职能外，更重要的是带来我国历史上最大规模的南北物资交流，冲破“文不经商，士不理财”的观念束缚。

运河的开通与兴建，带动运河沿线都城与城市商业的繁荣。汉唐定都长安，在关中开凿连接长安与黄河的漕渠。隋炀帝定都洛阳，在营建洛阳的同时就着手修建大运河，形成以洛阳为中心的水运网，南通今杭州，北达今北京，西经黄河可达今西安。此后，大运河就成了历代王朝南北交通的命脉。元代都城北京位于华北平原北端，而漕粮和物资依赖于南方，为改变南粮北运的困难状况，元世祖期间修成南起杭州北达北京的京杭大运河，从而使北方政治中心与南方经济中心连接起来，仰仗大运河源源不断地将江南等地物资运到北京，为元代以降北京成为政治中心打下坚实的基础。

明清定都北京，作为国家经济命脉的京杭大运河达于极盛，直至清末才趋于衰败。明清时期，运河是催生资本主义萌芽的直接因素。因河兴商，因河兴业，沿河的盐业、皮革业、烟草业、丝绸业、酱菜业等品类繁多的行业蓬勃兴起，吸引更多从业者离开土地，从事商品生产，参与物资交流。由此密切了国内市场的联系，更把经济交流推向国际。淮安、扬州、镇江、无锡、苏州、杭州、开封、沧州、临清、济宁、天津、北京等城市因水而兴，因水而衰，因运河断流或水源不足而废。

扬州

扬州古称广陵、江都、维扬等，是大运河的核心城市，位于江苏省中部。春秋时期，今扬州市区西北部一带称邗。公元前 486 年，吴灭邗，筑邗城，开邗沟，连接长江、淮河。越灭吴，地属越；楚灭越，地归楚。公元前 319 年，楚在邗城旧址上建城，名广陵。汉代，今扬州称广陵、江都，长期是王侯的封地。吴王刘濞“即山铸钱、煮海为盐”，开盐河（通扬运河前身），促进了经济的发展。

隋统一后，改吴州为扬州，始有扬州之名。隋炀帝时，大运河的开凿连接黄河、淮河、长江，扬州成为水运枢纽，不仅便利交通、灌溉，而且对促进黄河、淮河、长江三大流域的经济、文化的发展和交流起到重要作用，奠定了唐代扬州空前繁荣的基础。

到了唐代，南北大运河的航运开始兴盛。扬州的农业、商业和手工业相当发达，出现了大量的工场和手工作坊，并逐渐在距运河较近的扬州城南——沙洲之地形成了工商业聚居区。扬州不仅在江淮之间“富甲天下”，而且是中国东南第一大都会，时有“扬一益二”之称（益州即今成都）。扬州是南北粮、草、盐、钱、铁的运输中心和海内外交通的重要港口，曾为都督府、大都督府、淮南道采访使和淮南节度使治所，领淮南、江北诸州。在以长安为中心的水陆交通网中，扬州始终起着枢纽和骨干作用。作为对外交通的重要港口，扬州专设司舶使，经管对外贸易和友好往来。唐代扬州和大食（阿拉伯）交往频繁。侨居扬州的大食人数以千计。波斯、大食、婆罗门、昆仑、新罗、日本、高丽等国人成为侨居扬州的客商。

两宋时期，开封和杭州分别成为北宋与南宋首都，由于政治及军事上的重要地位，加上运河交通便利，使他们很快地成为庞大的商业城市，而扬州作为南北交通的枢纽地位稍有下降，商业发展缓慢。元代，大运河扬州段的整治，基本形成了今天的走向，恢复了曾一度中断的漕运，扬州又迅速繁华起来。明时，随着商品经济的发展，孕育了资本主义生产关系的萌芽。扬州的商业主要是两淮盐业的专卖和南北货贸易。盐税收入几乎与粮赋相等。商业扩大到旧城以外。手工业作坊生产的漆器、玉器、铜器、竹木器具和刺绣品、化妆品都达到了相当高的水平。清代，康熙和乾隆多次“巡幸”，使扬州出现空前的繁华，成为中国的八大城市。城市人口超过50万，是18世纪末、19世纪初世界十大城市之一。当时的扬州，居交通要冲，富盐渔之利，盐税与清政府的财政收入关系极大。各地商人增多，纷纷在扬州建起了会馆，各有营业范围和地方特色。同时兴起的还有会票——信用汇兑。

19 世纪中叶以后，由于运河山东段淤塞，漕粮改经海上运输，淮盐改由铁路转运，加上其他方面的原因，扬州的经济地位逐渐衰落。

古杭州繁荣世景

杭州

杭州山水相依，湖水合璧，京杭大运河和钱塘江穿城而过。隋朝废郡为州，“杭州”之名第一次出现。隋大业六年（610 年），杨素凿通江南运河，从江苏镇江起，经苏州、嘉兴等地而达杭州，全长 400 余千米，自此，拱宸桥成为大运河的起讫点。这一重要的地理位置，促进了杭州经济文化的迅速发展。

由于运河的沟通，唐代杭州成为货物集散地，社会经济日趋繁荣，人口也逐渐增加，唐贞观年间（627—649 年）中，已有 15 万余人；到唐开元年间（713—741 年）中发展到 58 万人，此时的杭州，已与广州、扬州并列，为我国古代三大通商口岸之一。北宋时，杭州人口已达 20 余万户，为江南人口最多的州郡。经济繁荣，纺织、印刷、酿酒、造纸业都较发达，对外贸易进一步开展，是全国四大商港之一。

到了南宋时，开始了杭州的鼎盛时期。南宋都市经济的繁荣，不仅超越前代，而且居世界前列。当时临安手工作坊林立，生产各种日用商品，尤其是丝织业的织造技艺精良，能生产出许多精巧名贵的丝织品，在全国享有盛名。

元代因遭战乱，杭州城内的不少宫殿被毁，工商业曾一度衰落，西湖也渐被泥土淤塞。但由于在南宋时期打下了繁华基础，恢复较快。到元至正年间（1341—1370 年），大运河全线开通，杭州水运可直达大都（北京），成为全国水运交通要津。对促进南北经济文化交流，发展对外贸易至关重要。

洛阳

洛阳古称雒阳、神都，是隋唐大运河的重要枢纽，位于河南省西部的伊洛盆地，南临伊阙，北倚邙山，东西分据虎牢、函谷两关，自古便有“八关都邑，八面环山，五水绕洛城”的说法。

604 年，隋炀帝即位后，改洛阳为东京，在汉魏旧城西 18 里重筑新城，并将全国数万家富商大贾迁到洛阳。隋炀帝在营建东京的同时，又从洛阳的西苑引涧水和洛水到黄河。不久，又修成纵贯南北、与黄河相交的大运河和永济渠。这样，从洛阳乘船，南可到达余杭（今浙江杭州），北可到达涿郡（今北京市西南），洛阳成为全国水陆交通的中心，经济文化更加繁荣。洛阳是当时全国最大的工商业城市，商业盛极一时。船车贾贩，遍布四方；奇货异宝，满积京城；粮食、牛马交易最为兴盛。隋代，城内有居民区 120 坊和丰都、大同、通远等三个“市”。三市占地广阔，商业繁荣，最大的丰都市方圆八里，据说市内有 120 个行业，3000 余家店铺，周围还有 400 余家商店。

唐中叶安史之乱以后，洛阳遭到严重破坏，保存下来的建筑物不到 1/10，开始趋于衰落。五代时虽有后梁、后唐、后晋（约不到两年）建都于此，仍十分衰蔽。北宋时，洛阳一度有所恢复，成为北宋学术文化中心。但北宋灭亡以后，洛阳便一天天衰落下去。

开封

开封是水陆都会，素有“北方水城”之美誉，境内河流众多，金水河、五丈河（广济渠）、蔡河、汴河（宋代对通济渠的称呼）等四条河流穿城而过，分别通往江南、山东和河南中部，航运十分便捷，各方物资源源不断集中到开封城里。特别是汴河显得更加重要，《宋史·河渠志》载汴河“横亘中国，首承（大河），漕引江湖，利尽南海，半天下之财赋，并山泽之百货，悉由此路而进”。由此可知，北宋时期不仅江南，而且远至南海的物资都由此水路运到开封，所覆盖的范围已占宋代领土的一半左右。由于位居华北，是南来北往的陆路中心，陆上交通也很方便。

北宋，开封人口众多，约百万以上。商业极其繁荣，有 2 万多户人家以经商为业，仅在政府登记的店肆就达 6400 多户，资产 10 万以上者比比皆是，最多可达 100 万。此外，还有许多集中的贸易市场。饮食服务行业尤为发达，各种各样的酒楼、饮食店、茶坊鳞次栉比。开封的手工业也极其繁荣，门类众多，军器、瓷器、织锦、印刷、酿酒和刺绣一向闻名，在全国占有重要地位。工人人数也为以前历代首都所不及，仅官营手工业作坊的工匠就达 8 万人以上。

汴河是北宋国家漕运的重要交通枢纽，商业交通要道。北宋画家张择端画的《清明上河图》，全图大致分为汴京郊外春光、汴河场景、城内街市三部分，宽 25.2 厘米，长 528.7 厘米，绢本设色，作品以长卷形式，采用散点透视构图法真实地描绘了当时汴河上交通运输繁忙的景象，展现了宋代城市的发展及形形色色市民活动的场景，也是宋代风俗画的最高成就。

《清明上河图》里的汴河码头

张择端在《清明上河图》中，描绘了汴河上漕船运粮的繁忙景象，汴河上穿梭往来的船只，证明了汴京的繁华。从画面上可以看到人烟稠密，粮船云集，人们有在茶馆休息的，有在看相算命的，有在饭铺进餐的。还有“王家纸马店”，是扫墓卖祭品的，河里船只往来，首尾相接，或纤夫牵拉，或船夫摇橹，有的满载货物，逆流而上，有的靠岸停泊，正紧张地卸货。横跨汴河上的是一座规模宏大的木质拱桥，它结构精巧，形式优美。宛如飞虹，故名虹桥。有一只大船正待过桥。船夫们有用竹竿撑的；有用长竿钩住桥梁的；有用麻绳挽住船的；还有几人忙着放下桅杆，以便船只通过。邻船的人也在指指点点地像在大声吆喝着什么。船里船外都在为此船过桥而忙碌着。桥上的人，也伸头探脑地在为过船的紧张情景捏了一把汗。这里是名闻遐迩的虹桥码头区，车水马龙，熙熙攘攘，名副其实地是一个水陆交通的会合点。

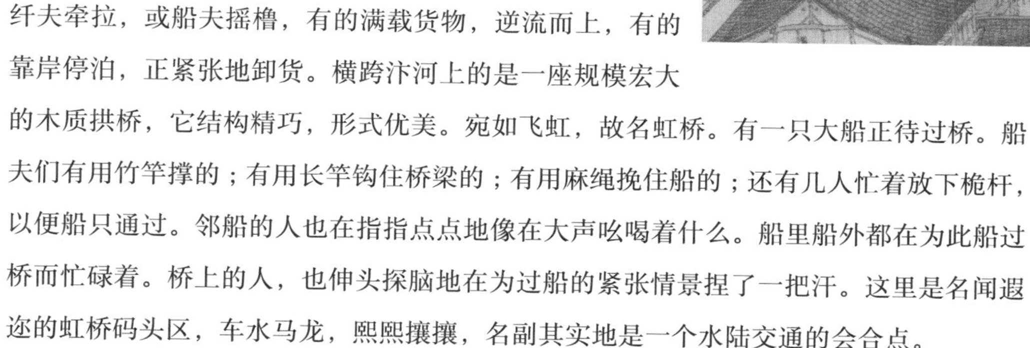

开封在唐末称汴州，是五代梁、晋、汉、周的都城。北宋统一，仍建都于此。也称为汴京或者东京（另有西京洛阳，北京大名，南京商丘），这里离江南鱼米之乡比较近，大运河的作用就更为明显了。北宋定都汴京，一个重要原因就是汴京有一条汴河沟通南北，这条汴河能够方便地通过漕运，把各地的粮食运送到汴京，这促使了汴京的繁华。汴河是开封赖以建都的生命线，也是东南物资漕运东京的大动脉，不仅对京城有重要作用，而且还保证了北方边疆军事上的需要。不仅江淮、荆湖、两浙、福建，远至四川、两广的漕运物资，也都在真（今江苏仪征）、扬（今江苏扬州）、楚（今江苏淮安）、泗州改装纲船，经汴河运送京师。汴河里长年漕运的纲船达 6000 艘，每纲每年往返运输四次。由于汴河沿线往来舟船、客商络绎不绝，临河自然形成为数众多的交易场所，称为“河市”，最繁华的河市应属东京河段。北宋时，统治阶级每年通过大运河由江南运到开封的粮食，一般都在五六百万石左右，多时还曾达到 800 万石，超过了唐朝的漕运量。

济宁

济宁在历史上是“东鲁之大郡，水路之要冲”，在中国运河发展史上有着举足轻重的地位。由于山东运河在整个大运河中是关键部位，而济宁运河又是山东运河的关键，所以济宁被誉为运河之都。

济宁在古代有四大水系，济水是四大水系之一。济水在古代是一条很大的河流，发源于河南的济源，如河南的济源，山东的济南、济宁、济阳都是因为这条济水而取的名字。当时济水下游不断被淹，原来的济州是在巨野一带，因为当时济宁这片地方地势比较高，可以免除济水的威胁，所以就取名为济宁，寓意济水之宁，古老的济水为这座城市带来了济宁这个名字。

文献记载，东晋时期，济宁就开挖了一个汶河连接洸河的运道，叫汶洸运道，那时就开始通航。到隋朝，又开挖了府河，就是现在济宁城的府河。唐朝在济宁建了大闸口，直到元代挖大运河。大运河开挖以后，元明清三代都把治河的最高机构设在济宁，这充分说明了济宁在运河之中占有重要地位，所以后来济宁成为运河之都。当时由运河的繁忙而使济宁大兴，济宁因为水而繁荣兴旺。

运河的畅通使得济宁每年都有数千艘大船经运河由南向北以达京师，担负着南粮北调的任务，济宁成为“南控江淮，北接京畿”“处漕渠之中，襟带四方”的重镇。当时运河两岸货物堆积如山，南船北马、人烟拥簇，酒楼歌馆、笙歌喧嚷，有诗这样形容：“运河流水千古流，流到济宁古渡头，画里帆船江南来，船到码头货到州。”商业的繁荣加上运河从繁华的闹市区穿城而过，河中帆船繁忙，岸上车水马龙，颇有江南的风光。

天津

天津东临渤海，北依燕山，永定河、北运河、大清河、子牙河、漳卫南运河，在三岔河口一带汇入海河，东流 73 公里入渤海，素有“河海要冲”之称。

汉末，河北是袁绍势力范围，曹操欲取河北，而粮草多屯淮河，为将这些粮食运至河北，必须打通由淮河至黄河，乃至整个河北的南北水道。建安时期，曹操开通白沟，把漳水、呼沱河、泒水等连接入海，开挖平虏渠、泉州渠和新河，沟通南北水道，把整个河北水系相互沟通，曹操从淮河漕运粮草成功，击败袁绍等。曹操对河北诸水的沟通，为天津后来的诞生乃至成为水运枢纽奠定了基础。

隋朝修建京杭运河后，在南运河和北运河的交会处（今金刚桥三岔河口），史称三会海口，是天津的发祥地之一。在这里，一条运河通向北京叫北运河，一条运河通向南方叫南运河，另一条河通向渤海就是海河。这样，江南的漕米便可由江南河、邗沟北行，再由通济渠至坊头。又山坊头人永济渠北上，经今天津达于琢郡。正是这个重要的位置，使天津成为我国古代北方漕运的枢纽。

唐朝中叶以后，天津成为南方粮、绸北运的水陆码头。天津军粮城地处平虏渠南端和海河近旁，就是唐代停舶海上，内河漕船和储存军粮的重地。唐代虽有军粮城出现，但不过是临时屯集军粮的地方，并未形成稳定的聚落和城市。杜甫的《后出塞》诗写道：“渔阳豪侠地，击鼓吹笙竽。云帆转辽海，粳稻来东吴。越罗与楚练，照耀舆台躯。”当时的渔阳郡就在今日天津城北及东北部一带。

唐代中期以后，我国经济中心已经转移到长江流域，为维持北方社会发展，要求漕运经常化，经由天津的水运活动便成为常态，这就为天津地区水运创造了条件。金人迁都北京，在今河东大直沽一带设立——“直沽寨”，以拱卫京师。当时，运往中都的漕粮大部分来自山东、河北两路。各地漕粮先入御河（今南运河），然后经直沽寨入潞水，达通州再入闸河进入中都——北京。直沽寨成为了联络河北、山东沿河诸州和通往中都的枢纽。

隋唐大运河的永济渠，流到天津南部静海独流镇就折向西北，至涿郡（今北京城西南）。元朝定都北京后，随着大运河的疏通，直沽成为京畿门户和水路交通枢纽，天津城的海津镇成为军事重镇和漕粮转运中心。伴随着漕运的兴盛，商品流通，明清天津城逐渐发展起来，“市集诸番舶，百货倍往……商贾辐辏，骈填逼侧”的繁荣场面。《畿辅通志》载天津“地当九河津要，路通七省舟车……江淮赋税由此达，燕赵渔盐由此给，当河海之要冲，为畿辅之门户。”金元才流经天津（当时称直沽）。

总之，随着漕运的发展，天津逐渐成为南北水运的枢纽。在民间素有“大运河载来的城市”一说。京杭大运河把长江、淮河、黄河和今天的海河串联了起来，天津就像这一条项链上悬挂的一颗璀璨明珠。

第六章　治水与科技进步

科技是人类智慧的结晶，是人类知识的物质化与外在化的过程，科技文明是人类社会最基本的文明。河流对人类社会文明的深刻影响首先反映在科学技术方面，水利、农业在整个科技体系中占有独特的地位，起着推动科学技术发展的核心作用。如黄河是一个含沙量高、灾害频仍的河流，对黄河的治理有力地促进了数学、力学、地理学、建筑技术、金属冶炼等科学技术的发展。黄河与黄土密切相关，它们共同培育了黄河流域的农业，农业的发达又带动了与之相关的天文、数学、地理、建筑、冶金、陶瓷等科学技术的发展。

治水对中华民族的科技进步和发明创造产生了深远的影响，推动了中华历史文明的进程。古代治水技术的产生与发展为中华水利科技文明的传承与发展做出了卓越的贡献。在农业生产中，古代人发明了戽斗、桔槔、辘轳、翻车、筒车、水车等提水工具，以帮助农业灌溉。在利用人力获取水的同时，古人也注意到了水中所蕴涵的能量，并因此创造出水碓、水排和水磨等机械工具，将水能转化为机械能，用于农业和手工业生产。

治水技术的提高

我国的治水技术是在与洪涝旱碱沙等自然灾害作斗争的过程中逐步发展起来。战国以前，我国的治水重点是防洪排涝，从大禹的“尽力乎沟洫”，到《周礼》记载的沟洫系统，主要目的是排涝。战国时期，农田灌溉成为水利建设的重点，出现芍陂、都江堰、郑国渠、漳水渠等水利工程。秦汉时期，北方地区灌溉渠系兴建，南方的陂塘水利兴盛，推动治水技术的发展。隋唐以后，关中灌溉渠系的恢复和发展，太湖流域水利系统逐步形成以及塘浦圩田的发展，逐渐形成南稻北粟的农业生产格局。在长期的治水实践中，我们逐渐形成了水利工程技术、堤防体系、河道整治、埽工技术等技术，成为中华治水文明的重要组成部分。

大型水利工程技术

郑国是战国时期韩国著名的水利专家，出生于韩国都城新郑（现在河南省新郑市），曾任韩国管理水利事务的水工，参与过治理荥泽水患以及整修鸿沟之渠等水利工程，主持修建关中最早的大型水利工程——战国末年秦国穿凿的郑国渠。郑国渠修建之后，关中成为天下粮仓，赢得了“天府之国”的美名，使八百里秦川成为富饶之乡。郑国渠和都江堰、灵渠并称为秦代三大水利工程。

战国时，我国历史朝着建立统一国家的方向发展，一些强大的诸侯国，都想以自己为中心，统一全国，兼并战争十分剧烈。战国末期，在秦、齐、楚、燕、赵、魏、韩七国中，当秦国国力蒸蒸日上，虎视眈眈，欲有事于东方时，首当其冲的韩国，随时都有可能被秦并吞。公元前246年，韩桓王在走投无路的情况下，采取了一个“疲秦”的策略。他以著名的水利工程人员郑国为间谍，派其入秦，游说秦国在泾水和洛水（北洛水，渭水支流）间，穿凿一条大型灌溉渠道——郑国渠。表面上说是可以发展秦国农业，真实目的是要耗竭秦国实力。

关中是秦国的基地。为了增强秦国的经济力量，以便在兼并战争中立于不败之地，很需要发展关中的农田水利，以提高秦国的粮食产量。蓄意发展水利的秦国，很快地采纳这一诱人建议。并立即征集大量的人力和物力，任命郑国主持，兴建这一工程。经过十多年的努力，全渠完工，人称郑国渠。渠建成后，经济、政治效益显著，《史记》《汉书》都说：“渠就，用注填阏（淤）之水，溉舄卤之地四万余顷，收皆亩一钟，于是关中为沃野，无凶年，秦以富强，卒并诸侯，因名曰郑国渠。”1钟为6石4斗，比当时黄河中游一般亩产1石半，要高许多倍。

郑国渠是以泾水为水源，初修时采取的是筑导流土堰壅水入渠的引水方式，后来转变为凿渠引水，以灌溉渭水北面农田的引水工程。它的渠首工程，东起中山，西到瓠口。

中山、瓠口后来分别称为仲山、谷口，都在泾县西北，隔着泾水，东西向望。考古发现郑国渠渠首工程东起距泾水东岸1800米名叫尖嘴的高坡，西迄泾水西岸100多米王里湾村南边的山头，全长2300多米。其中河床上的350米，早被洪水冲毁，已经无迹可寻，而其他残存部分，历历可见。经测定，这些残部，底宽有100多米，顶宽1~20米不等，残高6米。根据《水经注·沮水注》记载，郑国渠的渠道在泾阳、三原、富平、蒲城、白水等县二级阶地的最高位置上，由西向东，沿线与冶峪、清峪、浊峪、沮漆（今石川河）等水相交。将干渠布置在平原北缘较高的位置上，便于穿凿支渠南下，灌溉南面的大片农田。郑国渠平均坡降为0.64%，郑国创造的“横绝”技术，使渠道跨过冶峪河、清河等大小河流，把常流量拦入渠中，增加了水源。由于泾水是著名的多沙河流，古代有“泾水一石，其泥数斗”的说法，当代实测，为每立方米171公斤，郑国利用横向环流，巧妙地解决了粗沙入渠，堵塞渠道的问题，可见当时的设计是比较合理的，测量的水平也已很高。

束水攻沙技术

潘季驯总结治河经验，提出全面治理黄河、淮河、运河规划的《两河经略疏》，详尽阐述了“束水攻沙，蓄清刷黄”的战略思想，形成了“以河治河，以水攻沙”的治河理论。

在处理水沙方面，潘季驯认为黄河下游善徙的主要原因，在于水漫沙壅。因此治理上应筑堤束水，借水刷沙。由于黄河挟带大量泥沙，有“急则沙随水流，缓则水漫沙停”的特点，因此要使水流湍急，必须束水归漕。潘季驯以束水攻沙为核心技术，在工程上采取了一系列的措施，如“塞旁决以挽正流”，就是将从决口旁出的河水堵住，相继堵塞了数以百计的黄河决口，结束了长期以来黄河下游多股分流和洪水横溢的局面，使河水集中到贾鲁故道。这一工程不仅便于集水攻沙，更主要的是它立竿见影地使黄泛区人民从水灾的困扰中解脱出来；“筑堤束水，以水攻沙”，就是在黄河下游的河道两岸，紧逼水滨，建筑坚固的两道南北大堤被称为近堤或缕堤，近堤以束水攻沙，筑遥堤防洪水泛滥，是束水攻沙的最主要工程。不过，由于南北两堤逼水太近，即使建得非常坚固，如遇特大洪水，黄河也会溃堤泛滥，酿成洪灾。为了防范，他们又在南北缕堤之外，再各筑一道远堤，又称遥堤。这种近、远双重的河堤，普遍修建于黄河下游（接近海口的河段除外），其中的某些险要河段，于近堤、远堤外，又建有月堤加固。后来，为了使漫出缕堤的洪水，不致沿着遥缕两堤奔流，左右破坏两堤堤防；为了让泥沙沉积于两堤之间，以加固堤防，并使清水回到大河之中，以加强攻沙力量，又于两堤之间修建了挡水的格堤；“蓄清刷浑”，黄河、淮河会于清口（今江苏省清江市西南），以下黄河与淮河合槽。淮河含沙量较少，水清，为了加强冲沙力量，潘季驯又加高、加厚高家堰大堤，将淮水拦蓄于洪泽湖，提高洪泽湖水位，使清水可以顺利入河，借清水之力，冲刷浑浊的黄水。

潘季驯以束水攻沙为核心的治河技术，治理了明前期以来的黄河下游水患，使黄河泥沙淤积的速度放慢，黄河决口和泛滥的频率减少，使得非常难治理的黄河驯服地流淌了 300 年，使得南北经济大动脉——京杭大运河顺畅通行了 300 年。潘季驯死后，清代的治水专家继承了他治水方略，束水攻沙，保证了黄河安澜，运河畅通。清康熙与乾隆皇帝六下江南，在苏北走的是徐州至淮安 500 里黄河水道，乾隆称赞潘季驯是“明代河工第一人”。

埽工技术

为了巩固堤防，古人又发明了埽工技术，用以加固险工地段，整治河道以及防汛堵口等。尤其是在多泥沙的黄河上，埽工成就最为突出，成为我国独特的防洪工程。

埽是我国特有的一种以树枝、秫秸、柴草为主，杂以土石并用桩、绳盘结捆扎而成的河工建筑构件。单个的埽又称为捆、埽由等,多个埽叠加连接构成的建筑物则称为埽工。埽工，古代称“茨防”，最早出现在黄河上，是黄河河防工程的重要组成部分，常用于抢修堤岸、堵塞决口。埽工是由若干埽段构成的河工建筑物。

早期的埽工称作茨防。茨是芦苇、茅草类植物。战国时期，人们就以芦苇、茅草之类的植物作为“茨防”来堵塞决口。这种“防”大约就是最早的草埽。北宋初年，这种水工构件有了专门的术语“埽”。埽工是用树枝、秫秸、草和土石卷制捆扎而成的河工

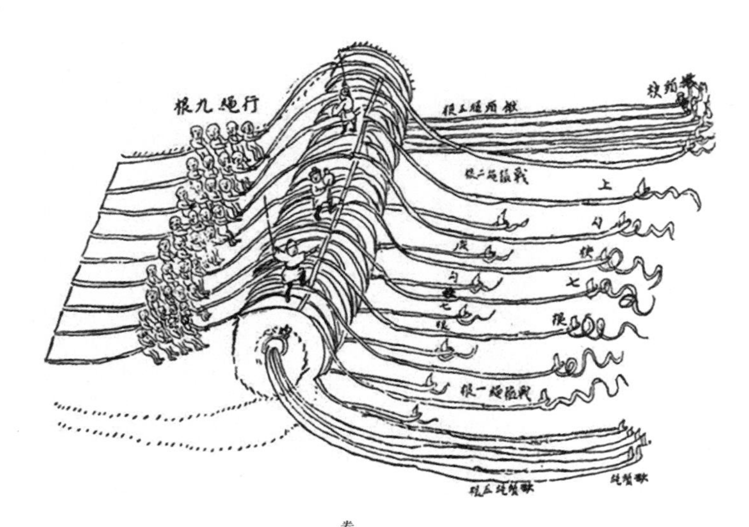

卷埽制作图

和水工构件。

埽工按其形状和功用不同而有鱼鳞埽、磨盘埽、凤尾埽以及约、马头、锯牙等名称。埽工的固定方式有二：一是用长木桩贯穿埽体，直插河底；二是用绳索将埽体固定在事先埋于堤上的桩橛。有时两种固定方式并用，有时单纯使用绳索固定。

从《宋史 · 河渠志》记载的情况，我们知道卷埽制作的方法：先选择宽平的堤面作为埽场。在地面密布草绳，草绳上铺梢枝和芦荻一类的软料；再压一层土，土中掺些碎石；再用大竹绳横贯其间，大竹绳称为“心索”，然后卷而捆之，并用较粗的苇绳拴住两头，埽捆便做成了。埽捆推下水后，将竹心索牢牢拴在堤岸的木柱上，同时自上而下在埽体上打进木桩，一直插进河底，把埽体固定起来。这样，埽岸就修成了。

埽工技术能在深水情况下（水深约 20 米）施用，可用来构筑大型险工和堵口截流，但又可以分段分坯施工；使用梢草、土石等散料，但可以用绳索桩木等联结固定成整体；使用梢草、秸料使埽工具有良好的柔韧性，便于适应水下复杂地形（尤其是软基）；在多沙河流上使用，便于泥沙充填进埽体，凝结坚实；用埽工构筑施工围堰，完工后便于拆除，因此，黄河埽工技术是中国古代水工建筑中的一大发明，也是世界河工史上的一大杰作。但埽工也存在严重的缺陷，主要是梢草、秸料和绳索等易于腐烂，需要经常修理更换、花费较多。同时埽体的整体性较石工等永久性建筑物差，往往一段坍陷、牵动上下游埽段连续坍塌、走移等，容易形成险情。

井灌技术

井灌，是一种利用地下水的工程。在我国，井灌有悠久的历史。最早记载是《世本》的“汤旱，伊尹教民田头凿井以溉田。”这说明在商代已有了水井灌溉记载。但水井灌溉，第一次被确切记载，出现在《诗经 · 小雅 · 白华》中：“滮池北流，浸彼稻田。”与此同时，考古发现也印证了商代水井灌溉的可信性。在河北省藁城县台西早商遗址中发现的两眼水井，是商代遗址中第一次发现的水井，填补了商代水井的空白。早期水井 J2，井内出有汲水落入井内的陶罐和木桶等。从以上的文献记载和考古发现，都证明了“凿井而灌”的说法有据。春秋战国以后，由于提水工具桔槔的发明，井灌逐渐成为农业灌溉的一个组成部分。汉代时，人民利用井水灌溉已经比较普遍。《氾胜之书》载：“天旱，以流水浇之，树五升；无流水，曝井水，杀其寒气以浇之”，可见当时人们对合理利用井水灌溉已有较为科学的认识。唐宋时期，井灌工程技术已经较为完善，尤其是北方地区，井水成为重要灌溉水源之一。元代，井灌成为农田水利的重要组成部分。《元史 · 河渠书》：“(至元七年) 规定，河渠之利……以时浚治，地高水不能上者，命造水车……田无水者凿井，井深不能得水者，听种区田。”可见当时利用井水灌溉的情形。明清时期黄河和海河流域出现了灌溉面积较大的井灌工程。在此值得一提的是坎儿井，它是一种在干旱地区取用地下水的地下渠道。

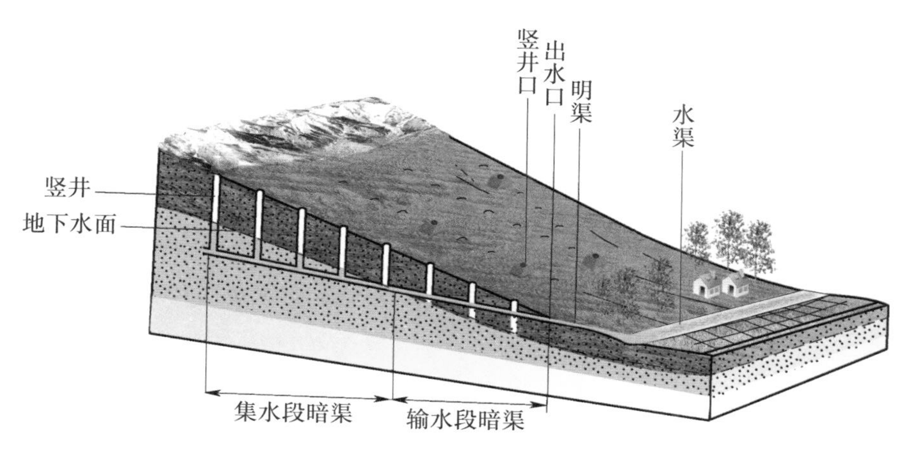

坎儿井结构示意图

坎儿井是荒漠地区特殊的灌溉系统，适用于山麓、冲积扇缘地带，主要用于截取地下潜水进行农田灌溉和供给居民用水，是我国新疆吐鲁番地区进行农牧业生产和生活取水的主要方式之一，目前，吐鲁番和哈密两盆地的坎儿井共约 1000 多条，暗渠的总长度约 5000 公里，可与万里长城、京杭运河并称为中国古代三大工程。

坎儿井由竖井、暗渠、明渠、涝坝四部分组成。暗渠是坎儿井的主体，分段设置，长度一般为 3~5 公里，最长的超过 10 公里。暗渠的出口，称龙口，龙口以下接明渠。明渠是暗渠出水口至农田之间的水渠。明渠与暗渠交接处建有“涝坝”。竖井与暗渠相通，用于出土、通风、定向。竖井分布疏密不等，上游比下游间距长，一般间距 30~50

米，靠近明渠处10~20米。竖井的深度，最深者可达90米以上，从上游至下游由深变浅。其构造原理是：在高山雪水潜流处，寻其水源，在一定间隔打一深浅不等的竖井，然后再依地势高下在井底修通暗渠，沟通各井，引水下流。地下渠道的出水口与地面渠道相连接，把地下水引至地面灌溉农田。涝坝具有重要的作用。一是蓄水。它位于暗渠的出口处，可将冬季从暗渠中流出的水储存于此。新疆冬季气温太低，农业生产停顿，而坎儿井却在继续出水。涝坝便可将冬水储存起来，可供来春使用。二是晒水。这里的地下水，主要来源是融雪，水温很低，如从暗渠引出，立即循明渠灌溉农田，低温便会严重影响庄稼发育。引出的水，只有先储存在涝坝中，经过晾晒后，再灌溉农田，才利于作物生长。三是便于统一调配农田用水。涝坝的创建，使坎儿井工程更臻完备。

新疆何时开始兴建坎儿井？多数学者认为可以上溯到西汉。原因是，自汉武帝起，西汉大力经营西域，并在轮台、渠犁（今库尔勒境）、车师（今吐鲁番境）等地驻兵屯田。这一带雨量稀少，空气干燥，屯田时必须兴修水利，特别是免受蒸发威胁的坎儿井。他们认为，穿凿坎儿井技术，在屯田西域之前，在兴建龙首渠时即已掌握，而车师等地地下水的资源又很丰富，驾轻就熟，完全可以在西域发展井渠灌溉。坎儿井的迅速发展，始于清代对新疆的大规模开发。尤其是清后期，在林则徐、左宗棠等人的关注与努力下规模快速扩大。1845年，林则徐在赴南疆途中路过吐鲁番地区，对坎儿井极为赞叹。随后他将坎儿井广为推行，使吐鲁番的大片荒野变成膏腴良田，当地人因此也称坎儿井为“林公井”。1864年，阿古柏在英俄两国的支持下侵入新疆，钦差大臣左宗棠率师入疆，于1877年收复失地，并开始全面开发利用新疆的水资源举办屯垦，在吐鲁番地区开挖坎儿井185处。

坎儿井不仅具有减少蒸发、防止风沙的作用，而且具有节约能源、降低污染的功能，营造了良性的生态系统。众所周知，干旱区蒸发量年均一般可达2000毫米，而降水量平均每年大多在200毫米以下。坎儿井作为一种地下输水工程，在减少水量蒸发方面有着重大的意义。

提水技术的改进

治水的过程也是开发和利用水资源的过程。文献记载最早的提水工具，开始是以瓮汲水。《淮南子·氾论训》说："古者……抱瓮而汲。"《左传·襄公九年》："具绠缶，备水器。"在这里，瓮是一种盛水的瓦器，用瓦罐取水浇地；缶就是陶质的汲水容器。另外，戽斗也是古代常用的提水器具。它是一个两边系绳的小桶，二人相对而立，分别牵拉绳子的两头，把低处的水不断地提取上来。这种方法比起单个人一罐一罐地取水效率要高很多，而且灵活、方便。

戽斗汲水图

东周时期，先民们便发明了提水工具——桔槔，其记载始见于《庄子》。《庄子·天地》："子贡南游于楚，反于晋，过汉阴，见一丈人方将为圃畦，凿隧而入井，抱瓮而出灌，滑滑然用力多而见功寡。子贡曰：'有械于此，一日浸百畦。用力甚寡而见功多，夫子不欲乎？'为圃者仰而视之，曰：'奈何？'曰：'凿木为机，后重前轻，挈水若抽，数如溢汤，其名为槔。''凿木为机，前冒前轻，挚水若抽，数如泆汤，其名曰槔。'"这种机械"引之则俯，舍之则仰"，又叫作"桥"，即"桔槔"的合音。关于桔槔，王祯在《农书》里面有表述："取其俯仰则桔槔，（桔槔）绠短而汲浅……挈水械也。"王祯的解释为，"桔"就是指树立的木桩，"槔"就是安装在"桔"上可以俯仰的横杠。春秋战国时使用桔槔的地区主要是经济比较发达的鲁、卫、郑等国（今山东西南、河南北部、河北南部）。桔槔的构造运用了杠杆原理，取水时可一按而下，木桶盛满水后，杠杆的前端由重点变为力点，借助安置于后端的重物，只用较少的力上提，水桶就上来了。桔槔一直是我国北方地区比较常见的提水机械。

桔槔示意图

桔槔的结构，相当于一个普通的杠杆。在其横长杆的中间由竖木支撑或悬吊起来，横杆的一端用一根直杆与汲器相连，另一端绑上或悬上块重石头。不汲水时，石头位置较低；当要汲水时，人用力将直杆与汲器往下压，与此同时，另一端石头的位置则上升。

辘轳汲水示意图

当汲器汲满水后，就让另一端石头下降。石头原来所储存的位能因而转化，通过杠杆作用，就能将汲器提升。这样，汲水过程的主要用力方向是向下。由于向下用力可以借助人的体重，因而给人以轻松的感觉，也就大大减少了人们提水的疲劳程度。

桔槔适宜于浅井或水面开阔的沟渠，但是如果灌溉用井过深，桔槔的使用就会很不方便。所以古人又发明了安装在井口上的绞动汲器——辘轳。据《物原》记载："史佚始作辘轳。"史佚是周代初期的史官，说明在商代已经发明了辘轳。到春秋时期，辘轳就已经流行。辘轳的主要特点是将单向用力方式改变为循环往复的用力方式，因而既方便又省力。王祯在《农书》详细介绍利用辘轳汲水的情况："辘轳，缠绠械也。"《唐韵》云：圆转木也。《集韵》作椟辘，汲水木也。井上立架置轴，贯以长毂，其顶嵌以曲木，人乃用手掉转，缠绠于毂，引取汲器。挈水械也。……凡汲于井上，取其圆转，则辘轳，皆挈水械也。《农书》还记述了一种复式辘轳：绕在轴筒上的绳子两端各系一个容器，"顺逆交转，所悬之器虚者下，盈者上，更相上下，次第不辍，见功甚速"。这就省去空容器的行程时间；同时，空容器的重量也起一定的平衡作用。《齐民要术》中说："负郭良田三十亩……穿井十口，井别作桔槔、搬移、柳罐、令受一石。"文中所说的柳罐是一种水容器，30 亩田地中，有井 10 口，并配置柳罐、辘轳和桔槔各类的提水工具，说明当时辘轳已广泛用于农田灌溉。

辘轳进一步发展，便出现了水车。水车初创时名叫翻车，后代称之为水车。水车用于农田灌溉。中唐以后水车的推广，特别是在南方多水地区的推广，大大提高了农业的排灌能力，促进了农业和水利的发展。对水车的改进又出现了高转筒车。唐代，利用水力推动的高转筒车已广泛使用。高转筒车的构造，简略地说，就是上下各有一个轮子，下轮半淹在水中，两轮之间有轮带，轮带上装有许多一尺来长的竹筒管。流水冲击下面的水轮转动，竹筒就浸满了水，并自下而上地把河水带到高处倒入农田。

从对水利技术的改进、完善与组合，可以看到我国劳动人民对于水的多种功能的认识以及在开发和利用方面的独到见解和能力。这些创造，对推进农业生产的发展起了重要的作用。

水准测量技术的完备

“水准”二字早在东汉时期就已经有了记载，《说文解字》中对“水准”做解释：“水，准也。准，平也。天下莫平于水。”可见，古人认为水平面应作为水平的标准，古代人很早就掌握测量水平的方法，并在水准测量方面有许多重要的发明，形成一套完整的水准测量方法。

夏商时代，为了治水开始了实际的测量工作，对此，司马迁在《史记》中对夏禹治水有这样的描述：“陆行乘车，水行乘船，泥行乘橇，山行乘撵，左准绳，右规矩，载四时，以开九州，通九道，陂九泽，度九山。”在这里，我们可以知道，当时禹的测量工具是“准、规、矩”等。

高转筒车示意图

“准”是古代用的水准器，定水平的工具，因为大禹治水过程中，需要知道各地的高低远近，必然要借助“准”和“绳”进行水平测量和直线测定。“绳”是一种测量距离、引画直线和定平用的工具，是最早的长度度量和定平工具之一。禹治水时，“左准绳”就是用“准”和“绳”来测量地势的高低，比较地势之间高低的差别。“规”是校正圆形的用具。“矩”是古代画方形的用具，也就是曲尺。古人总结了“矩”的多种测绘功能，既可以定水平、测高、测深、测远，还可以画圆画方。一个结构简单的“矩”，由于使用时安放的位置不同，便能测定物体的高低远近及大小，它的广泛用途，体现了古代中国人民的智慧。“行山刊木，定高山大川”可能就是原始的水准测量。早期的水利工程多为对河道的疏导，以利防洪和灌溉，其主要的

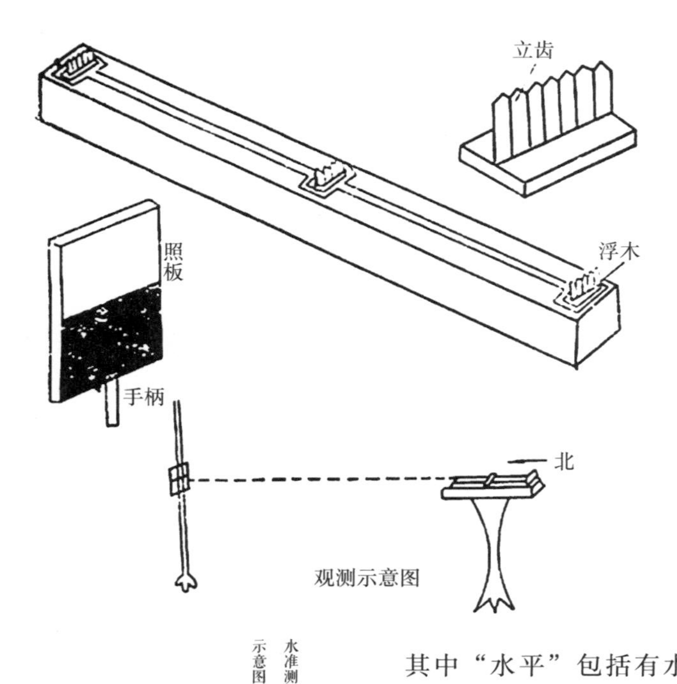

水准测量示意图

测量工作是确定水位和堤坝的高度。如秦代李冰父子开凿的都江堰水利枢纽工程，用一个石头人来标定水位。

西汉时开关中漕渠，齐人水工徐伯负责定线工作（即所谓“表”)，就是水准测量仪器，可惜史书上没有详细记载。在山东嘉祥县汉代武梁祠石室造像中，有拿着“矩”的伏羲和拿着“规”的女娲的图像，说明我国在西汉以前，“规”和“矩”是用得很普遍的测量仪器。

到了唐代，由于疆域的扩大，农业生产与水利事业普遍发展，测量和制图学也有新的进步。唐人李筌在其所著的《太白阴经》中对测量地势所用的“水平”(即“水准仪”)，有较为详细的记述，这套测量工具，由三部分组成，即“水平”“照板”“度竿”。

其中“水平”包括有水平槽，水平槽的长度为2尺4寸，两头与中间共凿有3个池子，池子的横向长度为1寸8分，纵向长度为1寸，深1寸3分，池与池间相隔1尺5分，中间有通水渠相连，通水渠宽3分，深度与池深相同，各水池中放有浮木，浮木的宽狭略小于池的宽狭，其厚为3分;浮木上建有“立齿”，齿高8分，宽1寸7分，厚1分。槽下设有可以转动的脚。“照板”是一形如方扇的板。长为4尺，其中下面2尺为黑色，上面2尺为白色，宽为3尺；手柄长1尺。“度竿”即测竿，长2丈，其刻度精确至“分”,共2000分。观测时,首先将水注入水平槽的池子中,三浮木随之浮起，其上的立齿尖端则会保持在同一水平线上，然后，观测者即可借立齿尖端水平地瞄望远处的度竿。由于度竿的刻度太小，观测者不能像我们使用现代化水准仪那样直接由望远镜读数，于是间接地利用“照板”巧妙地解决了这一问题，即持度竿的人还要握一照板，并将照板在度竿之后方上下移动，当观测者见到板上的黑白交线与其瞄准视线齐平时，则召持板人停止移动，并由持板人记下度竿上所对应的刻度。由于照板目标较大，所以可以测距离能由10步（唐以后，1步等于5尺)，或1里，达十几里目力能及之地。

这套仪器的使用方法与现在水准测量大同小异。在整套工具的设计技术方面，有几处细节的考虑，耐人寻味，也体现了我国古代劳动人民聪明才智之所在。其一，是照板上的黑白二色的问题。有了其宽达二尺的黑白二色，目标则大，易被观测者发现，但更重要的意义，在于以黑白二色的交线作为观测线，准确可靠，这是现代水准尺上以间隔的黑白或红白二色的交线作刻度线的先行，在测量史上是一次重要的发明。其二，是浮木的数目问题。为什么不用两个（实际上两个就够了）而用 3 个？这是考虑到在测量过程中，可能因为某些故障，浮木不能保持水平而采用的一种校准措施。这些故障，诸如池中水深不够，使浮木“搁浅”；通水渠不畅，使得三池水位不平；池框内缘卡塞浮木等。而有了 3 个浮木，当可及时发现这些故障。同时，3 个浮木在外形上也不可能做得完全相同，其内部密度也不可能完全均一，故在水中的沉浮程度也不可能完全一致，而如果有了 3 个浮木，自然也可起到消除这种误差的作用。其三，是关于“立齿”的设计问题。为什么要采用立“齿”，而不用立“板”？这是因为如果采用无齿的板，在观测照板时,就会发生这样的现象:或是靠近观测者的立“板”遮住了离开观测者的立“板”，或是离开观测者的立“板”高于靠近观测者的立“板”，两种情况发生都会导致视线不平。如果采用齿形的板，则可以消除如上毛病，因为即使靠近观测者的立齿端部高于离开观测者的立齿端部，由于有齿间空隙，前者也不会遮盖后者，从而可使观测者能从容地调整视线顺利进行观测。

水准仪是在“准”的基础上，发明了望远镜和水准器后出现的。20 世纪初，在制出内调焦望远镜和符合水准器的基础上生产出微倾水准仪，20 年代初出现了自动安平水准仪，60 年代研制出激光水准仪，90 年代研制出了数字水准仪。

粮食加工技术发展

我国古代的粮食加工是随着原始农业的产生而开始出现并逐步发展起来的。早在新石器时代，我国北方就出现了用石棒砸碾谷壳的原始加工方法。随着原始农业的不断进步和发展，以杵臼加工逐步代替了石棒加工。进入农业社会之后，又逐步出现了以人力、

水碓磨示意图

畜力和水力为动力的各种谷物加工方法，由于加工工具和加工方法的逐步改良，古代谷物加工的质量和效率也随之不断提高。

磨和碓是古代粮食加工的重要工具。磨是磨粉，石磨盘，在距今8000年的裴李岗文化时期就出现。石磨最初称硙，出现于战国时代。《说文解字》载："公输班作硙。"水磨是一种以水力作为动力把米、麦、豆等粮食加工成粉的机具。晋代，发明了水磨。碓，是在一根木头顶端安上石制碓头，成马头状的舂米器具，地面上安有石臼，木水轮转动拨动碓，用于去掉稻壳的脚踏驱动的倾斜的锤子，落下时砸在石臼中，去掉稻谷的皮。为了满足加工稻米的要求，在原来踏碓和畜力碓的基础上产生了水碓。水碓是一种用水力来自动舂米或将米舂成粉的机具。西汉桓谭的《桓子新论》云："及后人加功，因延力借身重以践碓，而利十倍杵舂。又复设机关，用驴、骡、牛、马及役水而舂，其利乃且百倍"，由此可知，汉代发明了水碓。水磨、水碓是靠水力运转的古代自动化粮食加工机械，是人类治水智慧的结晶和治水经验的升华。汉代以后畜力、水力逐渐成了中国粮食加工的主要动力。

水碓的构造是：水轮的横轴上穿有四根短横木（与横轴成直角），旁边的架上装有四根舂谷物的碓捎。当横轴上的短横木转动时，就能碰到碓捎的末端，将之压下，另一端就会翘起，短横木转了过去，翘起的一端就会落下。四根短横木连续不断地打着相应的碓梢，就能一起一落地舂米。西晋初年，杜预曾经加以改进，发明了"连机碓"和"水转连磨"。一个连机碓能带动好几个石杵一起一落地舂米；一个水转连磨能带动8个磨同时磨粉。以水力代替人力，这些发明，在当时的世界上均处于领先地位。

水碓磨，是一种旧时利用水力舂米、磨面的工具，其实旧时水磨坊里的磨。南北朝时期，祖冲之把水轮的转轴加长，并在轴上安装上几片拨板，将碓杵尾端靠拢拨板。当水力驱动水轮转动时，拨板跟着转轴就会一起旋转，代替人的脚来拨动碓杵的尾端，使其一上一下来舂谷。在这个基础上，他又研究起水力磨面，巧妙地在水轮轴上安装了一个竖齿轮，在石磨上安装一个卧轮，两个齿轮相互啮合，水轮一转动时，石磨就转起来。祖冲之把水碓和水磨结合起来，生产效率就更加提高了。

唐代，浙东山区已有了使用滚筒式水碓记载。水碓磨坊位于长乐市玉田镇玉田村岭下，坊舍始建于清乾隆十三年（1748年），为木结构，硬山顶，穿斗式木构架，面阔一间，进深一间，内置有磨谷、碾谷、碓谷、鼓风等一整套木制碾米机械，利用水力带动转轮工作。这种加工工具，我国南方有些农村还在使用。

水碓磨是利用水力来自动舂米或将米舂成粉的机具。它是碓臼和碓杆组成，碓杆上装有铁碓锥的重木，碓臼的碓窝是用大石头经石匠雕凿出的一个上粗下细呈锥体的圆窝。舂米或将米舂成米粉时，稻谷或米放在碓窝里，水车的踏板作用于碓杆，使铁碓锥上下撞击碓窝里的稻谷或大米，使稻谷脱壳或将米舂成粉。水碓的动力机械是一个大的立式水轮，轮上装有若干板叶，转轴上装有一些彼此错开的拨板，拨板是用来拨动碓杆的。每个碓用柱子架起一根木杆，杆的一端装一块圆锥形石头。下面的石臼里放上准备加工的稻谷。流水冲击水轮使它转动，轴上的拨板臼拨动碓杆的梢，使碓头一起一落地进行舂米。值得注意的是，立式水轮在这里得到最恰当最经济的应用，正如在水磨中常常应用卧式水轮一样。利用水碓，可以日夜加工粮食。

第七章 治水与文化典籍的传播

我国治水历史悠久，因而我国古代与治水相关的水利文献也十分丰富。据不完全统计，水利专著不下二三百种，3 千万字以上，加上史籍及地方志和各种文集文献资料中的水利史料，总共在 5 千万字以上，如《山海经》《尚书 · 禹贡》《管子 · 度地》《尔雅·释水》《史记·河渠书》《新唐书·地理志》《王祯农书》《农政全书》《水经》《河防通议》《至正河防记》《问水集》《治水筌蹄》《河防一览》《治河方略》《南河成案》《豫河志》《漕河图志》《北河纪》《北河续记》《山东运河备览》《漕运全书》《通惠河志》《海塘录》《两浙海塘通志》和《海塘新志》等，是我国古代文化典籍的一个重要组成部分，成为传播中国文化和文明的重要载体。在一定程度上，可以这样认为，治水文献是治水社会发展到一定阶段的产物，并随着人类文明的进步而不断发展。治水文献的内容，反映了当时人们在一定社会历史阶段的治水水平，是中华民族精神的重要载体之一。

综合类水利文献

最古老的地理书——《山海经》

《山海经》是中国先秦重要古籍，成书于约从春秋末期到汉代初期，作者也不是一人。现在我们所能看到的《山海经》共计 18 篇，包括《山经》5 篇，《海经》13 篇，各卷著作年代无从定论，内容主要是民间传说中的地理知识，包括山川、矿物、民族、物产、药物等，保存了包括夸父逐日、女娲补天、精卫填海、大禹治水等不少脍炙人口的远古神话传说和寓言故事。《山海经》具有非凡的文献价值，对中国古代历史、地理、文化、中外交通、民俗、神话等的研究，均有参考价值。

《山海经》中的前5篇是《山经》，主要记载山川地理，动植物和矿物等的分布情况，叙述南、北、西、东、中各地的山和出山之水及所产草木、金玉以及奇异动物，夹杂些神话。大的山水还是有条理的，而一些小山、小水以及水源等却无法确知在哪里，大概因为年代久远，古今山名、地名、水名都有变化，所记载的山水无法和现实的山水一一对证。后13篇有《海内经》4篇、《海外经》4篇、《大荒经》4篇、《海内经》1篇，叙述海内外各国以及山水生物、神怪和故事传说，经学者研究发现含有不少远古史料，上及商代以前，可供历史学者求证。其中《海内东经》讲了不少河流的源尾，夹杂了后人的一些附注。这些文献对研究古史、古地理、古水系都是非常必要的，历来讲水道的或多或少都引证过这本书，如《水经注》中就引用不少。研究者还可以利用它来了解古代水道的变迁，水道名称的变化，用它和《汉书·地理志》《水经》《水经注》等相互参照，从而得出一些结论来。

禹定山川——《尚书·禹贡》

《尚书·禹贡》一篇区域地理著作，是战国时魏国人士托名大禹的著作，设想在当时结束诸侯称雄的局面而统一之后的治理国家的方案，因而就以《禹贡》命名。

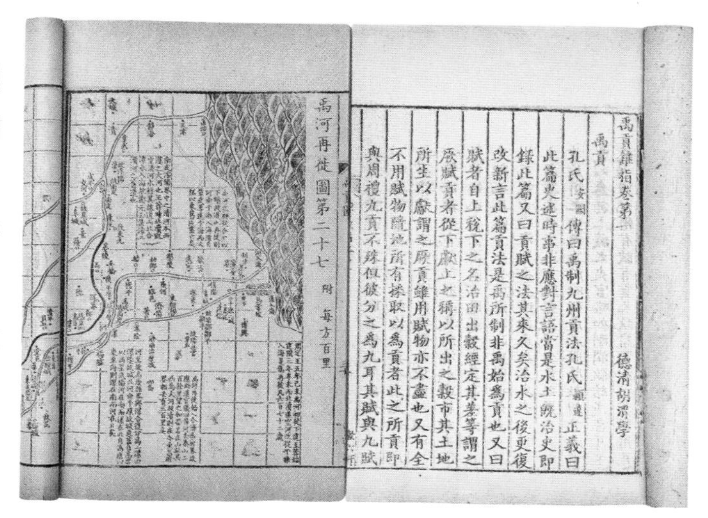

清代胡渭的《禹贡锥指》

《禹贡》全书1193字，以山脉、河流等为标志，将全国划分为9个区（即“九州”），并对每区（州）的疆域、山脉、河流、植被、土壤、物产、贡赋、少数民族、交通等自然和人文地理现象，作了详细的描述。全书分为5个部分：第一部分，九州。这一部分主要叙述上古时期洪水横流，不辨区域，大禹治水以后则划分为冀、兖、青、徐、扬、荆、豫、梁、雍九州，并扼要地描述了各州的地理概况。第二部分，导山。把九州山脉划分为四列，叙述主要山脉的名称，分布特点及治理情形，并说明导山的目的是为了治水。第三部分，导水。叙述9条主要河流和水系的名称、源流、分布特征，以及疏导的情况。第四部分，水功。总括九州水土经过治理以后，河川皆与四海相通，再无壅塞溃决之患。第五部分，五服。叙述在国力所及范围，以京都为中心，由近及远，分为甸、侯、绥、要、荒五服。从此，九州安定。

《禹贡》最大的特征是以冀州为中心，对全国的水道进行了着重的叙述，并叙述了以冀州为中心的漕运道路，反映了时人对水运的重视，因而受到历代学术界特别是地理、水利学界的重视，研究它的人很多，成为谈论地理和水利的必读之书，对后代影响很大。当然也有些研究者不顾后代水道变迁的具体情况，坚持按《禹贡》的简单记载，再加以个人的主观解释来谈黄河的治理和水利的理论，这就把平常的地理知识教条化了，对水利研究和水利实践都是不利的。《禹贡》比较朴实地记录了全国范围内各种地理现象，是中国早期区域地理研究的典范，成为《水经注》《元和郡县图志》以及唐、宋以来许多地理著作详引的对象，也是今天研究中国历史地理的重要参考文献。

水利之兴其粉本也——《水经注》

《水经注》是北魏人郦道元以《水经》为蓝本，以作注的形式撰写一本完整的地理学著作。《水经》是三国时代桑钦所著的一部地理学著作，书中简要记述了全国137条主要河流的水道情况，记载十分简略，缺乏系统性，对水道的来龙去脉及流经地区的地理情况记载不够详细、具体。为此郦道元利用自己掌握的丰富的第一手资料，在《水经》的基础上，完成了《水经注》这一地理学名著。

郦道元从少年时代起就有志于地理学的研究，他喜欢游览祖国的河流、山川，尤其喜欢研究各地的水文地理、自然风貌。他充分利用在各地做官的机会进行实地考察，足迹遍及今河北、河南、山东、山西、安徽、江苏、内蒙古等广大地区，调查当地的地理、历史和风土人情等，掌握了大量的第一手资料。每到一个地方，他都要游览名胜古迹、山川河流，悉心勘察水流地势，并访问当地长者，了解古今水道的变迁情况及河流的渊源所在、流经地区等。同时，他还利用业余时间阅读了大量古代地理学著作，如《山海经》《禹贡》《禹本纪》《周礼职方》《汉书 · 地理志》《水经》等，积累了丰富的地理学知识，为他的地理学研究和著述打下了基础。

《水经注》全书共40卷，记载的河流水道1252条，文字则达32万字。其内容非常丰富，它以水道为纲，将河流流经地区的古今历史、地理、经济、政治、文化、社会风俗、古迹等作了尽可能详细的描述。因此此书已不是简单地注释《水经》，而是在《水经》的基础上独具匠心的再创作，在我国古代地理学史上占有重要地位，具有很高的科学价值。《水经注》对1252条大小河流进行了全面记载，描述了各个河流的发源地点、干流大小、支流分布、河谷宽度、河床深度、流程长短、方向以及水量的季节变化、含沙量、汛期等情况。其中对北方一些河流的描述更为具体、详尽，说明郦道元对这些河流非常熟悉。他既引用了许多古书的记载，也有不少他自己实际调查的结果。

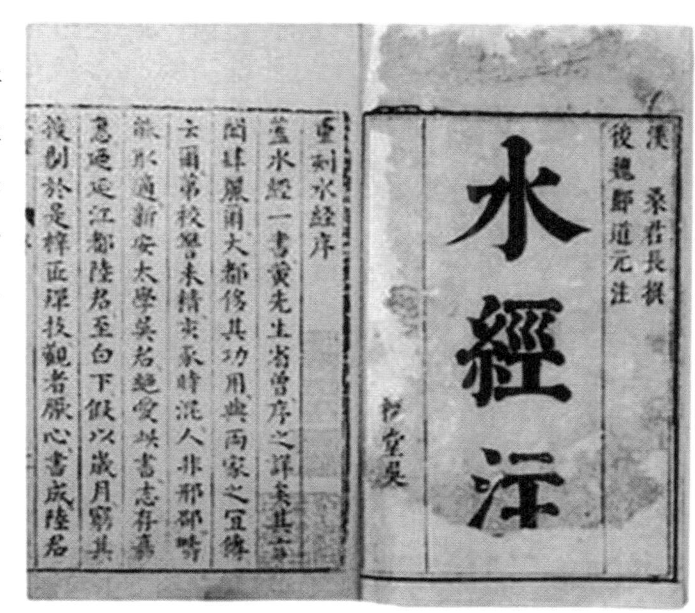
漢 桑欽撰
後魏酈道元注
水經注
重刻水經序

北魏郦道元的《水经注》

《水经注》中不仅记载了有水河道，而且还记载了无水旧河道24条，这些记载可为今天寻找地下水源提供了线索。《水经注》记载了历史上和当时的洪水暴发的情况，这些记载包括洪水暴发时间、洪水大小等情况，相当具体、翔实。这些历史水文资料大多为郦道元实地考察收集而来，有的得之于古书记载，有的则得之于许多河流上的石人或测水石铭的记录，非常珍贵，对于我们今天研究洪水的发展变化规律，防汛救灾具有重要参考价值。

《水经注》对各种类型湖泊的记载也很详细，包括非排水湖，如蒲昌海（今罗布泊）、卑禾羌海（今青海湖）等；排水湖，如彭蠡泽（今鄱阳湖）、洞庭湖、叶榆泽（今云南洱海）等；人工湖，如芍陂、长湖等；以及沿海的泻湖，如“温水”的卢容浦、朱吾浦、四会浦、寿冷浦、温公浦等。郦道元还注意了湖泊与河流之间密切的水文关系，他多次指出：湖泊可以调节河流水量，洪水时，河流将洪水排入湖泊；旱季，湖泊又将洪水补给河流。这些见解对于我们今天抗旱防涝、兴修水利很有启发。

《水经注》对农业地理情况进行了全面记载，书中记载了大量农田水利建设工程的资料，对各地的陂、塘、堤、堰的兴废情况以及运河渠道的开凿情况等作了仔细描述，其中较著名的水利工程就有 28 项，如都江堰，白渠、龙首渠、郑国渠、灵渠、六门碣等。书中对这些著名水利工程的兴建原因、经过、规模大小及后代兴废情况的记载比前人要详细、丰富得多，反映了我国古代劳动人民在农田水利建设方面所取得的巨大成就，为研究古代水利提供了方便。书中对全国具有系统灌溉工程的几个大型农业区的生产情况作了重点描述，对于了解我国古代农业生产技术很有帮助。书中对边疆地区的农业也进行了记载，如轮台以东广饶水草的绿洲农业，西南地区温水流域的原始农业等，我们可以从中了解不同地区的农业生产特点。书中对资源开发和利用的描述也很有特色，对于今天的资源保护和利用具有一定的借鉴意义。例如关于湖泊的开发利用，《水经注》就进行了详细论述，指出其应该包括三方面的内容：湖泊的灌溉效益；湖泊的资源开发，这要从多方面着手，既要注意矿产资源的开发利用，也要顾及动、植物资源的开发利用；湖泊旅游资源的开发利用。

《水经注》是我国古代记述全国河道水系、水利为主的综合性地理学名著，与水利有关的内容异常丰富，出版发行以后，对后世有重大影响。许多学者进行地理学等方面的研究，均以《水经注》为主要参考书，从中汲取知识营养。北宋大文豪欧阳修撰写的《唐书·地理志》就模仿《水经注》记载了 200 多位唐代有功于地方水利建设的人物。明代地理学家和旅行家徐霞客，更是继承和发展了郦道元综合描述地理环境的思想，写出了内容极其丰富的地理学名著《徐霞客游记》。许多学者从《水经注》中得到了很多益处，如清代学者刘继仁曾利用《水经注》的记载解决了许多历史地理和地名问题。到乾隆、嘉庆年间更有 20 多名学者对《水经注》进行了系统研究，使研究《水经注》逐渐形成一种专门的学问："郦学"。直至今天，有关《水经注》的研究仍在不断发展，并且影响到国外，出现了不少有名的洋"郦学"家。

水利科技集大成者——《农政全书·水利》

《农政全书》是我国历史上最重要、影响最大的农学著作之一，它是徐光启的代表作。徐光启是明代杰出科学家，我国引进西方近代科学技术的先驱之一，他一生从政 30 多年，晚年官至礼部尚书、东阁大学士。他最为人称道是在科学研究和实验方面的突出

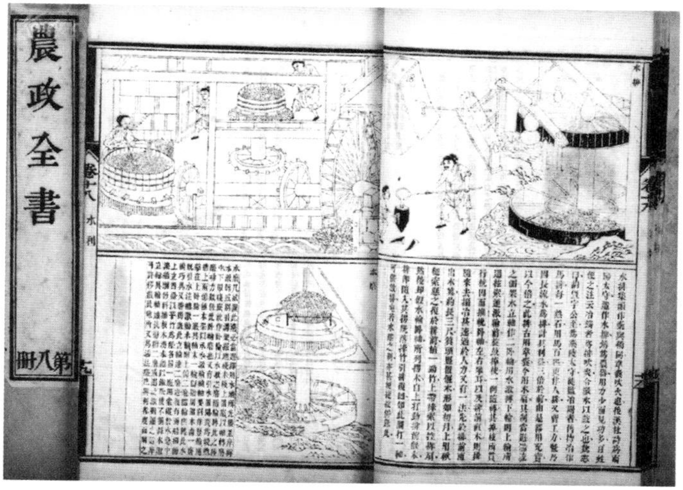

贡献，在天文、历法、火器制造等方面都有较深的造诣，其中，徐光启平生用力最多、成就最大的是对农业和水利的研究，在这方面他的著述最丰富，成就最突出，影响也最大。

徐光启在水利科技方面的成就表现在他对农田水利上。在其数十年的科学生涯中，他一方面广泛研读水利文献、总结历史经验教训；另一方面亲自进行农田水利实践，在此基础上著书立说，逐渐归纳出一整套自成体系的农田水利理论。主要内容有下述四个方面：

（1）提出水利是农业的根本的精辟论断。徐光启说水利是农业的根本，他认为，国弱民穷是由于农业衰落，而农业衰落是水利失修的结果，因此应当大力兴修水利。

《农政全书》中描画的水转翻车

（2）提出全面的水资源开发利用方法。他提出采用不同的工程手段和水利机械，因地制宜地利用源头的水、江河干支流的水、湖泊的水、河流尾闾与潮汐顶托的水、打井与修塘筑坝所得的水，以充分有效的调节、利用地上和地下的水资源。

（3）力主开发北方水利。元、明、清三代，国家主要通过京杭运河的漕运来解决首都北京的给养问题，为此耗费的人力、物力、财力难以数计，历代都有人想方设法，寻求更好的途径。徐光启是力主开发北方水利、使北方自给自足的历史名臣之一，他主张优先利用北方的水资源，尤其是开发京津地区的农田水利。

（4）高度重视测量技术。徐光启是我国古代重视水工测量的少数几位科学家之一。他曾积极推崇郭守敬从事大规模水利地形测量的做法，主张开展审慎的水工测量，以此作为水利工程建设的依据。他的水利测量经验和方法集中体现在收录于《农政全书》的《量算河工和测量地势法》一书中。此外，徐光启在黄河、海河的治理及其与农田水利的关系、北方农田灌溉技术、围湖造田的利弊等诸多问题上都有精辟的见解，有些观点至今仍有借鉴意义。

徐光启的水利理论来源于他丰富的水利实践经验。虽然徐光启的一生主要是在做官

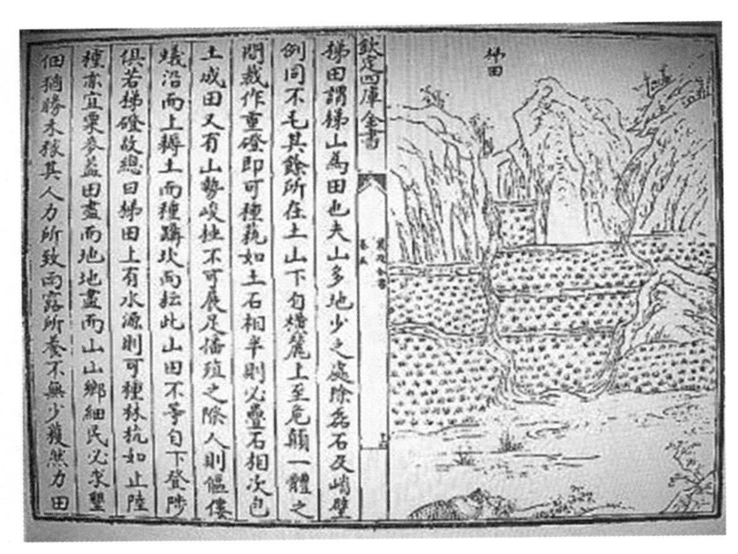
欽定四庫全書

梯田

梯田謂梯山爲田也夫山多地少之處除磊石及峭壁例同不毛其餘所在土山下自横麓上至危巔一體之間裁作重磴即可種藝如土石相半則必疊石相次包土成田又有山勢峻極不可展足播殖之際人則傴僂蟻沿而上耨土而種躡坎而耘此山田不等自下登陟俱若梯磴故總曰梯田上有水源則可種秫秔如止陸種亦宜粟麥蓋田盡而地地盡而山山鄉細民必求墾佃猶勝不稼其人力所致雨露所養不無少穫然力田

《农政全书》中描画的梯田

和著书立说，但他也很重视农业和水利实践，他曾四次在京津地区进行屯田垦殖，以促进他的北方农田水利研究。他先后在今北京和天津等地买下多处有水源的农田，试种水稻；并引进一些南方品种，进行水稻施肥和种植方法的研究。多年的艰苦实践，才促使他总结出系统的华北农田水利理论。

作为徐光启的代表作《农政全书》在他生前未能出版，是后来由他的学生陈子龙整理刊行的。全书共 60 卷，约 70 万字，内容涉及农业的各个方面，其中仅水利部分就占用了 9 卷之多，在我国古代的农书中，把水利放在如此重要的地位，可以说是绝无仅有的。《农政全书》在水利方面的主要内容有：水利总论、西北与海河流域水利、东南水利、浙江水利、海塘与滇南水利、利用多种自然水体的工程方法、灌溉提水机械图谱、水力机械图谱、西方水利技术介绍等。其中，既有徐光启掌握的水利科技的系统归纳，也有他的水利思想的集中阐述；既有其一生水利实践经验的深刻总结，也有他发现的西方水利科技的全面介绍。这不仅使得该书成为当时我国农业科技的集大成者，也使他成为总结此前我国最高水利科技成就的杰出代表。正是由于他在农业、水利等方面的突出成就，《明史》专门为他立了传。

通史类水利文献

第一部水利通史——《史记 · 河渠书》

《史记 · 河渠书》是西汉史学家司马迁的代表作《史记》中的一篇，是我国第一篇水利专著，也是第一部水利通史，开创了水利通史的先例。

《史记 · 河渠书》叙述的是上起大禹治水，下至司马迁著书时我国的水利事业，所记内容主要涉及黄河治理和人工沟渠开凿。司马迁作为太史令有不少得天独厚的条件：首先他能到全国各地去游历搜集资料。他亲眼目睹过当时许多水利工程，他参加过汉武帝主持的瓠子堵口；南方到过九江、五湖、湘水、洞庭湖和钱塘江，东方到过黄河下游，从洛口、大伾到黄河入海口的河道，还游历过淮河、泗水、汶水、济水、漯河、洛河等河流，西方看过岷江和离堆，北方考察过自龙门至朔方一段的黄河，取得了不少第一手的资料，还道听途说了许多见闻。其次，司马迁还掌握了大批官方的史册书籍，可以把书中记载的内容和自己的所见所闻相结合。所以《史记 · 河渠书》所记述的水利内容基本上是翔实可靠的，是了解古代水利的必读之书。《史记 · 河渠书》的另一个开创性贡献是它明确赋予“水利”一词以防洪、灌溉、航运等工程技术的专业性质，从而区别于先秦古籍中所说的“利在水”或“取水利”等泛指水产捕鱼之利的范畴，现代意义上的“水利”概念由此产生。

《史记 · 河渠书》虽然价值很高，但是作为水利专门著述又嫌太简略，后代又很少研究、注释它，这不能不说是一个遗憾，希望今后治水利史的能重视它，予以它更详细的注释与补充。

《史记 · 河渠书》内文

欽定四庫全書　史記集解

代自是之後滎陽下引河東南為鴻溝以通宋鄭陳蔡
曹衛與濟汝淮泗會於楚西方則通渠漢水雲夢之野
東方則通鴻溝江淮之間於吳則通渠三江五湖韋昭曰五
湖湖名耳實一湖今太湖是也在吳西南於齊則通菑濟之間於蜀蜀守冰
漢書曰冰姓李鑿離碓晉灼曰古堆字辟沫水之害穿二江成都之中
此渠皆可舟行有餘則用溉浸百姓饗其利至於所過
往往引其水益用溉田疇之渠以萬億計然莫足數也
西門豹引漳水溉鄴以富魏之河內而韓聞秦之好興

水利编年体通史杰作——《行水金鉴》《续行水金鉴》

《行水金鉴》是中国水利史资料书，清代傅泽洪主编，郑元庆编辑，成书于1725年。全书175卷，收集了上起《禹贡》，下至康熙末年各种水利文献。卷首冠以诸图，次河水60卷，淮河10卷，汉水、江水10卷，济水5卷，运河70卷，两河总说8卷，官司、夫役、漕运、漕规12卷，包括黄河、长江、淮河、运河和永

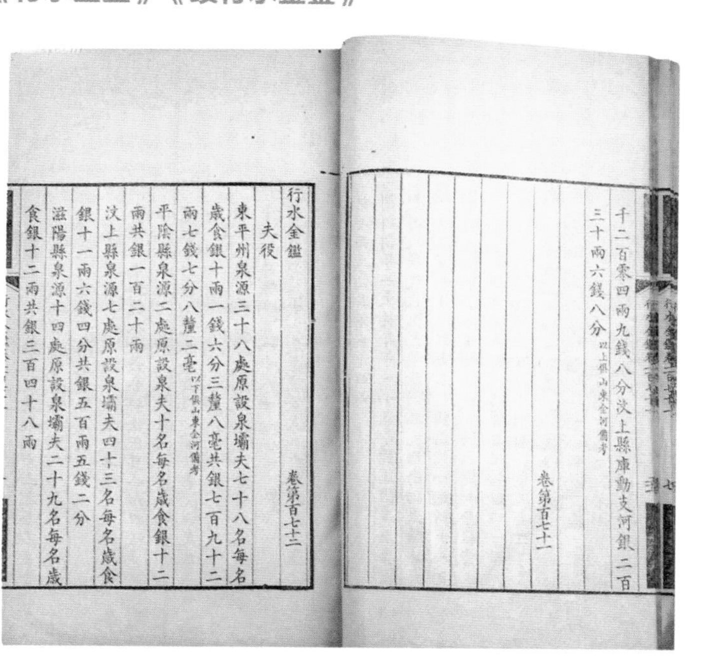

千二百零四兩九錢八分汶上縣庫動支河銀二百
三十兩六錢八分以上俱山東全河備考

卷第百七十一

行水金鑑　卷第百七十二

夫役

東平州泉源三十八處原設泉壩夫七十八名每名
歲食銀十兩一錢六分三釐八毫共銀七百九十二
兩七錢七分八釐二毫以下俱山東全河備考
平陰縣泉源二處原設泉夫十名每名歲食銀十二
兩共銀一百二十兩
汶上縣泉源七處原設泉壩夫四十三名每名歲食
銀十一兩六錢四分共銀五百兩五錢二分
滋陽縣泉源十四處原設泉壩夫二十九名每名歲
食銀十二兩共銀三百四十八兩

《行水金鉴》内文

《续行水金鉴》封面

定河等水系的源流、变迁和施工经过等，按河流分类，按朝代年份编排。全书征引文献多达 370 多种，内容皆摘录诸书原文，以时代顺序编排，使各条互相证明，首尾贯穿，有较高史料价值。编辑这样的资料书，在当时是创举，其体例多为后世所沿用。

《续行水金鉴》是仿照《行水金鉴》体例编写的清代水利史书，由潘锡恩等主编，俞正燮、董士锡等编辑。全书共 150 卷，所收集的是从雍正初到嘉庆末年为止的各种水利文献。卷首冠以图，次河水 50 卷，淮水 14 卷，运河 68 卷，永定河 13 卷，江水 11 卷。各水系都是先述原委，次载章牍，殿以工程。《续行水金鉴》主要引用的是当时章牍奏稿以及官方档案资料，包括大量现在已经佚失的原始工程技术档案资料，对研究水利史来说是非常珍贵的。

志书类水利文献

第一部水利断代史——《汉书 · 沟洫志》

《汉书 · 沟洫志》是我国第一部水利断代史的著作，主要叙述西汉时期的水利史。它的前半部分大多抄录自《史记 · 河渠书》，但也稍有不同，比如对于引漳水灌溉邺地的水利工程，《史记 · 河渠书》认为是从西门豹治邺开始，而《汉书 · 沟洫志》则根据《吕氏春秋 · 乐成篇》认为是史起创修的；《史记 · 河渠书》中没有提到成国渠、漳渠，可能这两条渠是在《史记》成书后修建的，而《汉书 · 沟洫志》则将这两条渠记述在之前；还有《史记 · 河渠书》书中记载的辅渠，《汉书 · 沟洫志》中称为六辅渠等。这些小小的不同，研究时都应注意，小心求证以免出错。《汉书 · 沟洫志》的后半部分叙述自汉武帝开凿白渠之后至西汉末年的水利，可以说是西汉后期水利的最重要的记载。

《汉书 · 沟洫志》记载的西汉水利工程实践和水利理论对后代治水有很大的实际意义，特别是关于黄河治理的问题。它遍载当时各家的治河理论，贾让的治河三策尤其详细，后人有批评有继承，尽管意见不一致，但确实很受重视并影响到实际的治水工作实践，为后代治河定下了大致方向和范围。

《汉书 · 沟洫志》和《史记 · 河渠书》一样，虽然价值很高，但是记述太简略，后代没有系统研究、注释它，成为水利史上的一个遗憾。

官修水利史代表——正史中的《沟渠志》

在我国二十四史中，隋唐以前专门记载水利的只有《史记·河渠书》和《汉书·沟洫志》，隋唐以后每代的正史均有河渠志来记载同时期的重要水利事件，是研究历史上水利问题的基本线索。主要有《宋史·河渠志》《金史·河渠志》《元史·河渠志》《明史·河渠志》和《清史稿 · 河渠志》等。

《宋史 · 河渠志》是元代官修《宋史》中的 15 本《志》之一，系宋代水利专史，分为 7 卷，全文约 6 万多字，署名脱脱等撰。《河渠志》的取材范围除个别部分追溯前代外，上起北宋，下迄南宋末年，采用先按水系或地区分门别类，再按史事发生的年代先后，依次编述，形成与《史记 · 河渠书》等水利通史相区别的断代水利史的新体裁。所记叙内容有具体河名、水系和年代可考的，约 580 事。按照该志的编排次序，首先是总序。接着是黄河 167 事记述 954—1126 年黄河史事，篇幅占整个《宋史·河渠志》的 1/3 以上。次为汴河 63 事、洛水 3 事、蔡河 22 事、广济河 18 事、金水河 9 事、白沟 5 事、京畿沟洫 11 事、白河、三白渠（附邓、许等州沟渠）6 事、漳河 3 事、滹沱河 6 事、御河 12 事、塘泺 25 事、河北诸水 77 事、岷江水 4 事、褒斜六堰 2 事、东南诸水 62 事，记载这些河流水系的治理、兴利情况。《宋史 · 河渠》的著述旨意主要是北宋黄河水患的原因，再兼顾其他流域情况，内容丰富，是研究宋代水利的基本文献。该志的缺点是史料编排有些杂乱，分类不科学，体裁不太统一，导致头绪混乱，阅读不便，这有待于治史者好好调整理顺，更好为水利事业服务。

《金史 · 河渠志》是元代官修《金史》的 14 本《志》之一，系金代水利专史，共一卷，全文约 8000 多字。该志首记黄河自 1138—1217 年的 38 项史事，篇幅占总志的 1/2 以上，可见是其重点内容；次记槽渠 18 事，卢沟河 6 事，滹沱河 3 事，漳河 3 事，共计 68 事。从《金史 · 河渠志》可以看出，金朝廷治河的出发点，主要还是考虑控制河患，尽量减少黄河灾害对本境的影响。但由于金代水利科技水平和财力的局限，不可能提出根治河患的有效主张，其治河议论也不出宋人的方策。当时金和南宋以淮河为界，形成北南对峙之势，所以《金史·河渠志》主要是记述金版图下的黄河、海河流域水利史事，正好和《宋史·河渠》中互相补充，方能代表宋金时期全国的水利概况。

《元史·河渠志》是明代官修《元史》的13本《志》之一，宋濂等著，元代水利专史，分为3卷，全文计3万余字，前两卷为1369年初修，记述1235—1330年史事；后一卷为1370年续修，记述1304—1360年史事。按所叙内容有具体河名、水系和年代可考的，约165事。其初修编排顺序是：首先是总序，总序之后分别是：通惠河5事，坝河2事，金水河3事，隆福官前河2事，海子岸3事，双塔河2事，卢沟河2事，白浮瓮山6事，浑河9事，白河10事，御河6事，滦河7事，河间河2事，冶河3事，滹沱河4事，会通河33事，黄河13事，济州河2事，涤河2事，广济渠4事，三白渠2事，洪口渠4事，扬州运河3事，练湖5事，吴松江3事，淀山湖3事，盐官州海塘7事，龙山河道2事。续修顺序为：黄河5事，蜀堰1事，径渠8事，金口河1事。《元史·河渠志》是元代水利的基本文献，但由于是宋濂等人仓猝撰成，只收录了一些元代文牍档案，未经考订及编排，杂乱无章，缺陷很多：缺乏元初情况，顺帝一朝只收录了欧阳玄；编排方面也有失得当，如因两次分修，致使黄河分置两卷；如通惠河、金水河、隆福宫前河、海子岸、白浮瓮山，本为同一水系今通惠河，却被割裂为五处；卢沟河、浑河同为一条河今永定河而被分割两处；三白渠、洪口渠、径渠，本同一渠系而分割为三，等等。但是瑕不掩瑜，《元史·河渠志》仍是今天研究元代水利的重要文献。

《明史·河渠志》系清代官修《明史》的十五《志》之一，明代水利专史，1739年成书，署名张廷玉等撰。分为6卷，全文计6万余字，记述1368—1644年间水利史事，约831事。其编排次序是：黄河171事、运河131事、蓟州河7事、昌平河3事、海运23事、淮河16事、泇河17事、卫河13事、漳河22事、沁河17事、滹沱河17事、桑干河25事、胶莱河11事，各省水利358事。《明史·河渠志》是研究、了解14—17世纪治理黄河、京杭大运河以及黄、淮、运交叉矛盾的主要文献，对全国其他河流水利也有相应记述。但其也有较严重的缺陷，例如“洳河”和“卫河”本是明代“运河”干流的主线，在本志中却把它们分列三处，错综歧出；再如“直省水利”本来是全国各地农田水利的专篇，但实际所收材料有防洪、航运、海潮、盐池等，无所不包，而且所收材料，仅依年代先后排列，天南地北，头绪纷繁，交错纵横，难得要领，其中还夹杂不少应属黄、沁、淮、运、漳、卫、滹沱等河的材料，都未按类归口，拉杂堆砌，不便阅览；还有一些表面上文字通顺，但混淆了史实等弊病。如果能调整理顺编排材料的一些缺点，就更有利于今天的水利史研究和水利建设实践。

流域治理水利文献

治理黄河文献

由于黄河的母亲河地位，治黄历来是古代治水的重中之重，关于治黄的专著也最为丰富，在现存水利古籍中所占比例最大，内容最丰富。较著名的有宋沈立与元沙克什的《河防通议》、元欧阳玄的《至正河防记》、明万恭的《治水筌蹄》和潘季驯《河防一览》、清靳辅《治河方略》和《南河成案》、民国《豫河志》等，简要介绍如下。

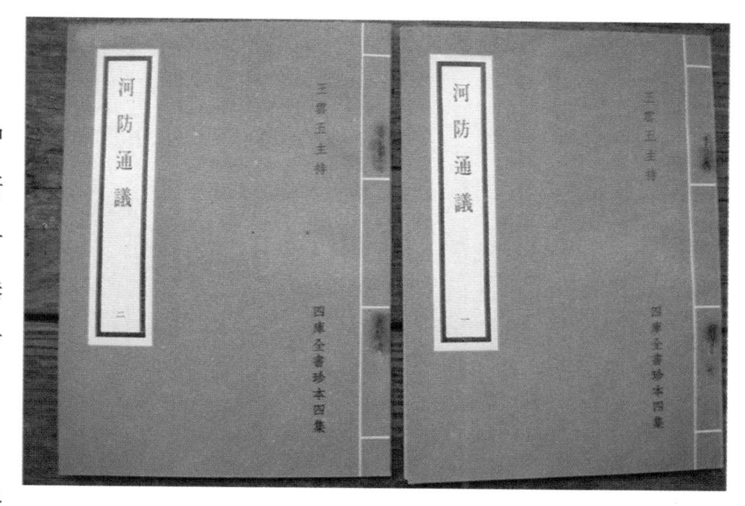

清末书刊《河防通议》

《河防通议》是宋、金、元三代治理黄河的重要文献，也是我国现存最早的一部河工技术专著，记述了10—14世纪的河工技术、施工管理、河防组织、河政法令等内容。原著是宋人沈立，原书共8篇。金代都水监也辑有《河防通议》一书，共15门。元沙克什将上述二书加以删削，合并为现在的通行本《河防通议》。本书分为6门：第一是河议，概括介绍治河的起源、埽堤利病和信水名称、各种波浪名称、辨土脉和河防令等；第二是制度，介绍开河、闭河、定平、修岸等过程方法；第三是料例，介绍修筑堤岸、安设闸坝以及卷埽、造船的用料定额；第四是工程，介绍修筑、开掘、砌石岸、筑墙以及采料等工作的计工法；第五是运输，介绍各类船只装载量、运输计工、所运物料体积及重要的估算以及历步减土法的计工等；第六是算法，举例说明计算土方和用料数量等。《河防通议》一书反映了宋元时期的水利技术水平，是现在能见到的记载具体河工技术的最早著作，对研究宋元水利意义重大。

《至正河防记》是元欧阳玄所著的水利著作，总结了元自至正四年（1344 年）至元正十一年（1351 年）贾鲁主持堵塞黄河决口的施工方法和经验，系统地反映了 14 世纪我国水工技术的高度水平。这次施工步骤是：整治旧河槽以便恢复故道；疏浚减水河以便分流；先堵较小决口，后堵主要决口；并创造了沉船筑坝（石船坝）逼溜等施工方法。疏、浚、塞三法并提是本书的主要点，改变了过去三者互相排斥的片面观点，对三法作了积极意义的解释，指出根据具体条件把疏、浚、塞结合起来用于治河实践中去。书中还根据河流溃决的不同情况，将决口分为豁口、决口和龙口三类，堵口时应根据不同的类别采用不同的堵口方法。《至正河防记》还将堤和埽进行了分类，堤分为刺水堤、决口堤、护岸堤、缕水堤、石船堤等数种，埽分为岸埽、水埽、龙尾埽、栏头埽、马头埽等几类，这些不同名称的堤和埽除了表示他们的作用不同之外，还表明它们施工方式和要求也是各不一样的。这些都是河工理论的重大发展，对后世治河有重要参考价值。

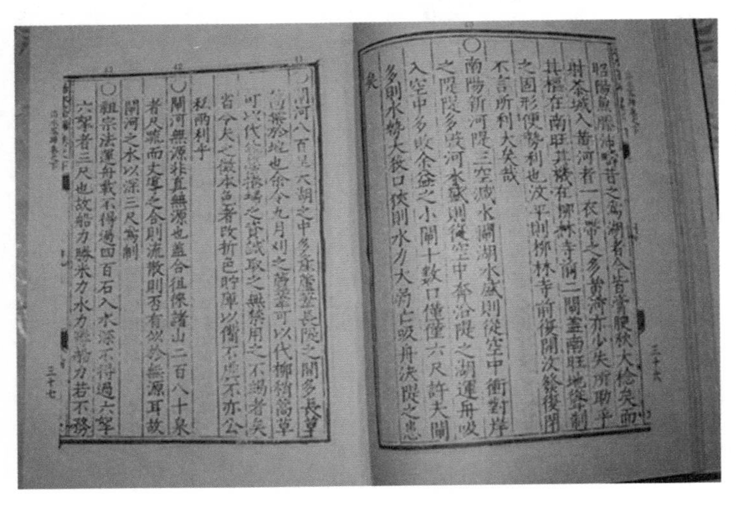

《治水筌蹄》内文

《治水筌蹄》是明万恭所著的水利著作，成书于 1573 年，是 16 世纪 70 年代治黄通运的代表著作之一。本书从其文字形式来看，是作者治理黄河、运河过程中的工作随记。全书分条叙述，共 148 条，既不列目，亦不分篇章，前后排列无定则。其内容可分为黄运河工的修缮、防护和管理制度、漕运管理制度、黄河河道、运河河道、治河理论等五个方面。其中关于黄运防修管理方面所占比例最大，约近 1/2；运河河道着重于会通、淮南二河，约占 1/3 强；漕运管理制度亦以此二河为主；其他运河河段涉及极少，如江南运河仅 1 条，白河 2 条，卫河根本没有提到。治河理论所占篇幅虽少，然为其精华所在。如本书篇末论治河不能拘泥古法，应因时而异，对当时一些不同的治河理论进行驳难，并提出自己的看法。《治水筌蹄》阐述了黄河、运河河道演变和治理，收集和总结了规划、施工及管理等方面的创造和经验，对后来黄河、运河的治理有很大的影响。如潘季驯《河防一览》、张伯行《居济一得》等都曾继承和发展了它的主要经验和论证。治理黄河方面，它总结了当时人们对泥沙的认识和斗争经验，首次提出“束水攻沙”的理论和方法；它还提出滞洪拦沙，淤高滩地，稳定河槽的经验；对黄河暴涨暴落特性也有进一步的认识和相应的防汛措施等。治理运河方面，总结出一套因时因地制宜的航运管理与水量调节的操作经验。《治水筌蹄》刊出后，即受到河臣们的重视，成为他们治理河运的重要参考资料，也成为研究明代河工技术和治河思想的重要文献。

《河防一览》

《河防一览》是明代治河专家潘季驯的治河代表作，成书于1590年，全书共14卷，约28万字，记录了潘季驯四任总河的治河经验、基本指导思想和主要施工措施。其主要内容有：卷一，皇帝玺书和黄河图说；卷二，《河议辩惑》，阐明潘季驯基本的治河主张；卷三，《河防险要》，指出了全河防守的重要地段；卷四，《修守事宜》，对明代河防工程技术及管理制度作了全面总结；卷五，《河源河决考》；卷七至卷十二收录了潘季驯的41道治河奏疏；卷六、卷十三、卷十四收录了其他人的有关奏疏及议论等。《河防一览》系统地阐述了“以河治河、以水攻沙”的治河主张，提出加强堤防修守的完整制度和措施，是束水攻沙论的主要代表著作，也是16世纪中国河工技术水平和水利科学技术水平的重要标志，对后代治河思想和治河实践影响极大。

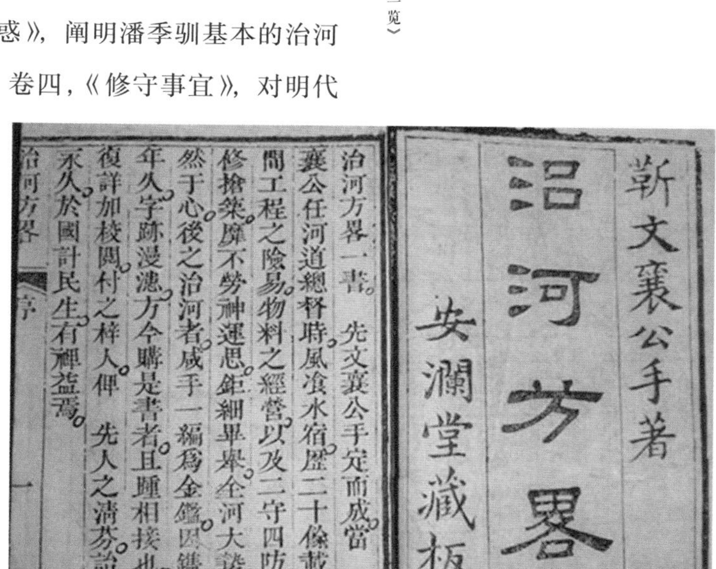
靳文襄公手著
治河方畧
安瀾堂藏板

治河方畧一書。先文襄公手定而成。當
襄公任河道總督時。風濤水宿。歷二十餘載。其
間工程之險易。物料之經營。以及二守四防。歲
修搶築。靡不勞神運思。鉅細畢舉。全河大勢。瞭
然于心。後之治河者。咸手一編。爲金鑑。因鐫版
年久。字跡漫漶。方今購是書者。且踵相接也。翁
復詳加校閱。付之梓人。俾 先人之清芬。詒之
永久。於國計民生。有裨益焉。

治河方畧 序 一

《治河方略》是清代前期一部研究治黄的重要著作，清初靳辅编著，原名《治河书》，崔应阶改编时改现名。全书分为10卷，书中记述黄、淮、运河干支水系概况，黄河演变、治理和历代治黄议论，着重阐述了17世纪苏北地区黄、淮、运河决口泛滥

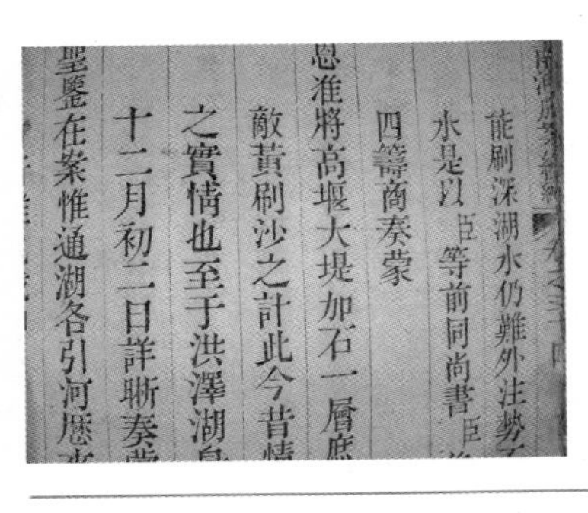
能刷深湖水仍難外注勢
水是以臣等前同尚書臣
四籌商奏蒙
息淮將高堰大堤加石一層
敵黃刷沙之計此今昔
之實情也至于洪澤湖
十二月初二日詳晰奏
聖鑒在案惟通湖各引河歷

《南河成案》内文

和治理经过。该书还附录了靳辅治河的得力助手陈潢的著作《河防述言》以及朱之锡的《河防摘要》。《治河方略》是研究清代前期治河方略和治河实践的重要文献。

《南河成案》是江南河道总督衙门编印的清代治理黄河、淮河、运河水利档案的总汇编，共58卷。书中收录了清代1726—1791年的奏折、上谕等954件。书成20多年后，有编印了《南河成案续编》106卷，汇编了1792—1819年的治河档案材料共1491件。10余年后又编出《南河成案续编》38卷，收录1819—1833年的档案材料981件。这些档案材料记载了大量治河原始记录和工程建设经验，是研究清代水利的重要文献。

运河水利文献《漕河图志》是最早的运河专志之一，明王琼撰，成书于1496年，全书共8卷。该书以王恕所编《漕河通志》为基础，依其体例，增减史料，重新加以编排而成。卷一，内容为漕河之图、漕河建置、漕河源委、漕河所经之地沿河闸、坝、桥、涵工程；卷二，内容为漕河上源、诸河考论；卷三，内容为漕河夫数、漕河经费、漕河禁例、漕河水程、漕河职官；卷四为奏议；卷五、卷六为碑记；卷七为诗赋；卷八，内容为黄河水次仓、漕运粮数、漕运官军船只数、运粮水程则例、运粮官军行粮、运粮官军赏赐等。书中详细描绘出通州至仪真段京杭运河全图，记载了沿河的闸坝、湖河、浅铺、济运诸泉等；对各地军卫管辖范围、历代漕运兴衰、各项管理制度都有比较详细的记载；对当时漕政管理制度有全面记述；还收录了1412—1493年有关运河的奏议，元以来的碑记，唐以来有关运河的诗赋。《遭河图志》详细记载了运河工程、水源、工程管理和潜运管理诸方面的历史，这种分门别类的体例为同类史书所少见。书中保留了明前期120多年的大量原始史料，弥补了正史和其他有关运河记载的缺漏，是今天我们了解明代前期京杭运河沿革、工程技术状况、运河在国家政治经济中的作用、工程和运输管理等情况、研究运河史的重要历史文献，对我们研究明代前期黄河河道状况也有重要参考价值。当然，此书也有一些缺陷，如运河部分内容只记载了长江以北的河段；内容编排也有不当之处，如卷一已有“诸河源委”专节，叙述运河各水源的经行，卷二中又设“遭河上源”，两者重复，显得有些混乱。

五雜組卷之一
陳留謝肇淛著
天部一
老子謂有物混成先天地生不知天地未生時
此物寄在甚麼處噫蓋難言之矣天氣也地質
也以質視氣則質爲粗以氣視太極則氣又爲
粗未有天地之時混沌如雞子然雞子雖混沌
其中一團生意包藏其中故雖歷歳時而字之
便能變化成形使天地混沌時無這箇道理

《北河纪》内文

《北河纪》是记载山东至天津段京杭运河的专著，明谢肇淛著，成书于1614年，共

8 卷。谢肇淛任工部员外郎期间，黄河决口泛滥侵扰运河，航运与防洪常有矛盾。他奉命巡视河道，治理河流，仅用 1 年时间，即完成疏浚河道任务，并在治河中写成《北河纪》，详载运河水源、工程、河政以及近代治河利弊，书后附《纪余》4 卷，收录山川古迹及古今题咏，是了解明代运河的权威之作。38 年后即 1652 年，阎廷谟续编《北河续纪》8 卷，仿前书体例，分为河程、河源、河政、河议、河工等。《北河纪》及《北河续纪》反映了对北段运河航运的重视，其完备资料的对我们研究明代运河大有裨益。

《漕河通志》成书于 1525 年，共 10 卷，明杨宏等撰。杨宏在嘉靖初年任总督江北漕运一职，因感到旧的漕运志比较简略，便和谢纯合辑了此书。卷一至卷二介绍运河水源、闸坝工程沿革；卷三漕职，介绍条级官员；卷四漕卒；卷五漕船，介绍漕船的数量、规格以及工匠情况；卷六漕仓，介绍京通及各地漕仓；卷七漕数，介绍全年要求运量；卷八漕例，收集 1403—1524 年漕运实例；卷九漕议，选择了汉元光年间至清嘉靖四年间关于漕运的重要议论；卷十漕文，介绍有关运河的诗文以及碑刻资料。《漕河通志》是我们研究京杭运河的重要著作。

《通惠河志》成书于 1528 年，共两卷。其作者吴仲任御史巡按直隶时，看到通惠河湮废，漕粮由陆运进京耗资巨大，便多次奏请疏浚河道。1528 年，在他的主持下对沿河闸坝进行了改造，又实行剥运制，从而使通惠河的漕运恢复了通畅。吴仲离任前，特意撰写此书上奏朝廷，希望成为定制以保证漕运畅通。上卷记载通惠河源委图及考略、闸坝建置、修河经费、夫役沿革等；下卷收录有关部门的历次奏议及碑记诗文等。《通惠河志》作为通惠河的专著，是研究通惠河水利的重要文献。

地域性水利著作

《四明它山水利备览》

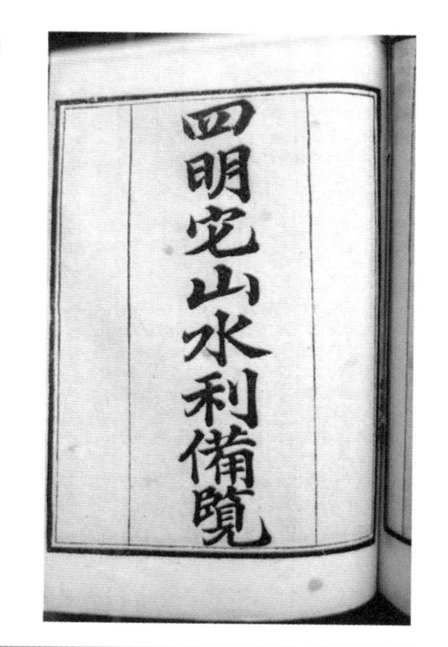

《四明它山水利备览》内文

该书是记述浙江宁波地区以它山堰为主的唐宋 400 年农田水利的专著，南宋魏岘编著，成书于 1243 年。魏岘曾任都大坑冶司，罢职后在家，见它山堰沙淤严重，曾以私力募工淘浚。后又被起用任知吉州军兼管内劝农使，主持了它山堰的改造大修工程，之后编著了此书。全书分为上、下二卷，共约 2 万字。上卷分 27 小节，分别记述了它山堰的兴建和历次维修规划与施工等情况；下卷收录了 6 篇有关碑记和 16 首它山诗歌等资料。书中详细记载了它山堰的水文地理情况、堰体结构、分洪引水设施的布置与特点；整个工程在拒咸蓄淡，灌溉、航运和城市供水等方面的效益，流域内泥沙来源及其防治措施，水沙关系正程管理制度等方面的论述，并对建堰前后浙东地区水利工程的演变历史，包括它山堰与广德湖、仲夏堰等水利工程的关系进行了分析。《四明它山水利备览》为水利稀有古籍，是古代重要的地区水利著作。

《长安志图 · 径渠图说》

该书是元代李好文所著的《长安志图》的下卷。其内容有：泾渠总图、富平石川溉田图、渠堰因革、洪堰制度、用水则例、设立屯田、建言利病以及总论，共 8 部分内容，是现存的第一部引泾灌溉专史。书中记载了引泾灌区历代兴建和维修的情况；元代引泾灌区的渠系布置；干渠上的主要工程设施和维修这些设施需要的人工和材料；灌区的灌溉管理制度；元代引泾灌区屯田组织形式的演变以及维护管理泾渠的一些重要建议等。据《长安志图 · 径渠图说》记载，由于灌溉用水十分紧张，实际能浇灌的土地只有全部土地的 1/5，所以挖渠盗水现象非常严重，泾渠灌溉用水管理和分配原则是以渠水所能灌田的多少位总数，分配到每年维修渠道的丁夫户田。根据人口计算各县所应分配的水量之后，由管理官吏按数开闸放水，按渠道每日输送多少“缴”水量为计算标准，确定每县放水时间长短，各县再按此方法分配到用户。而且，由于灌溉水量分配的实际要求而产生了初步流量概念，当时使用了“水头”和“水徼”两个概念，水头是指过水断面面积，水徼是过水断面的渠水量。在当时控制水量技术还十分低下的情况下，能够做到对灌溉用水有一个基本数量的分配，是灌溉史上的一件大事。《长安志图 · 径渠图说》是了解我国古代灌溉制度的重要著作。

《吴中水利全书》

该书由明代张国维所撰写，全书共 28 卷。1635 年，时任巡抚都御史的张国维同巡抚御史王一鹗一起主持修建吴江石塘，并修长桥、三江桥、翁泾桥。他针对太湖洪水下泄不畅，曾于1636年上书请求开浚吴江县长桥两侧的泄水通道，以免农田之患。他深入了解民情，提出“民以田为命，田以水为命，水不利则为害”。他积累了数十年治水之经验，写成并刊刻了一部70万字的《吴中水利全书》，为我国古代篇幅最大的水利学巨著。《吴中水利全书》成书于1639年，该书先列东南七府水利总图12幅，次标水源、水脉、水名等目，又记录了有关诏敕、章奏，包括宋、元到明崇祯时的有关治水的议论、序记、歌谣等有关典故文章，内容颇为详尽，是研究苏、松、常、镇四郡的一部至关重要的水利文献。

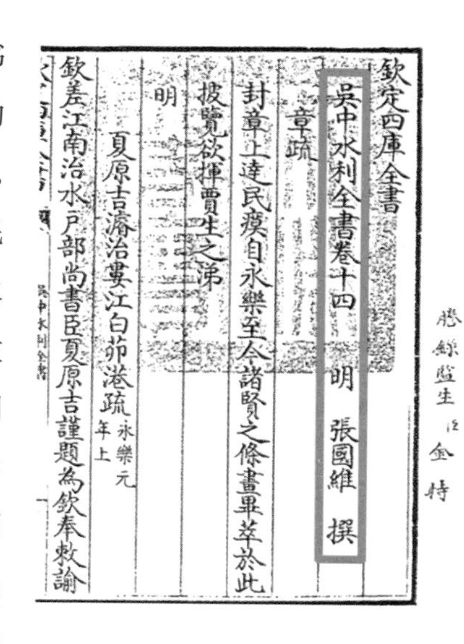

〈吴中水利全书〉

《三吴水利录》

该书由明代归有光编著，共4卷。当时由于堤防废坏，涨沙几乎和崖平，水旱都由此引起，所以他著此书以资治理太湖。书中辑录郑亶、郑乔、苏轼、单锷、周文英、金藻等有关三吴水利的论著7篇，后一卷为归有光自撰《水利论》2篇、《三江图》及《松江下三江口图》。归有光认为要治理吴中之水，应该专力治理松江，因为松江在太湖尾部，全湖之水都从这里入海。松江治理好了，太湖之水就可以顺利东下，其他河流也就不费余力。其立论虽有可商榷之处，但作者居住的安亭正在吴淞江下游，所论形势、脉络，十分详明，足供研究太湖水利者参考，对太湖流域的水患治理作出了历史性贡献。

〈三吴水利录〉内文

《海塘录》

该书是浙江杭州、海宁、海盐等地区历代关于修筑海塘工程的史料汇编，清乾隆年间翟均廉辑录。全书共26卷，录康熙朝以来“诏谕”于卷首，次为图说1卷，疆域

1 卷，建筑 4 卷，名胜 2 卷，古迹 2 卷，古祠 2 卷，奏议 5 卷，艺文 8 卷，杂志 1 卷。书中内容取材于历代正史中的纪志、《玉海》、乾隆道光咸丰等朝的《临安志》《四朝闻见录》《明实录》以及地方志等。书中考订辨证，比较恰当，如订正盐官海塘长 124 里，唐开元所筑，旧志误作 224 里。后被收入《四库全书》时，略有增补，1934 年曾据四库本影印出版。《海塘录》内容较详细，是了解古代海塘工程重要图书之一。

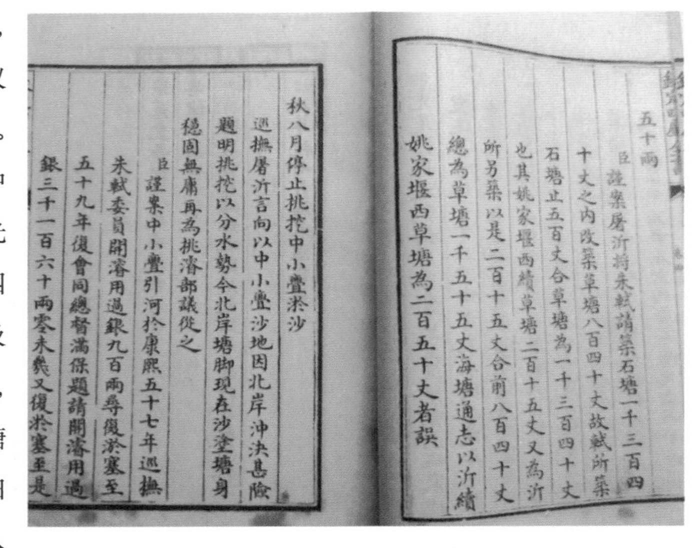
五十兩
臣謹案屠沂將朱軾請築石塘一千三百四
十丈之內改築草塘八百四十丈故軾所築
石塘止五百丈合草塘為一千三百四十丈
也其姚家堰西續草塘二百十五丈又為沂
所另築以是二百十五丈合前八百四十丈
總為草塘一千五十五丈海塘通志以沂續
姚家堰西草塘為二百五十丈者誤

秋八月停止挑挖中小亹淤沙
巡撫屠沂言向以中小亹沙地因北岸沖決甚險
題明挑挖以分水勢今北岸塘腳現在沙塗塘身
穩固無庸再為挑濬部議從之
臣謹案中小亹引河於康熙五十七年巡撫
朱軾委員開濬用過銀九百兩尋復淤塞至
五十九年復會同總督滿保題請開濬用過
銀三千一百六十兩零未幾又復淤塞至是

《海塘录》内文

《永定河志》

该书是清代李逢亨撰写的永定河水利著作，全书共 32 卷，约 35 万字，记述了清代前期永定河的治理沿革、河防河政等。内容分为 8 门，第一是绘图，1 卷；第二是集考，共 3 卷；第三是工程，共 5 卷；第四是经费，共 2 卷；第五是建置，1 卷；第六是职官，共 2 卷；第七是奏议，共 16 卷；第八是附录，共 2 卷。1880 年，米其诏又撰写了《永定河续志》，共 16 卷，书中根据测量结果，有较精确的绘图。《永定河志》和《永定河续志》是关于永定河的流域专著，是研究清代前期永定河的重要文献。

《永定河志》内文

《灌江备考》

该书是清代王来通所著的记载都江堰

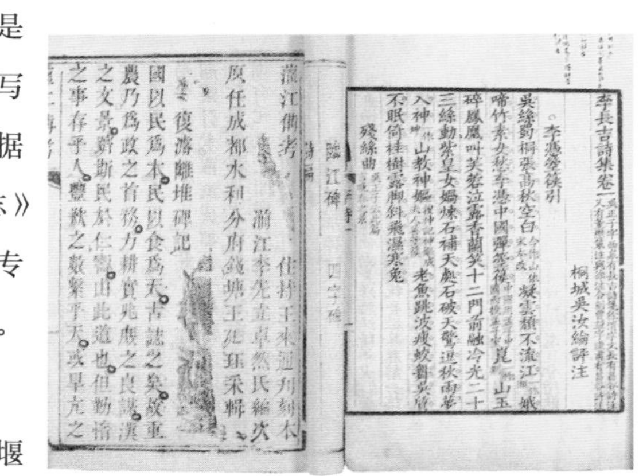
李長吉詩集卷一
桐城吳汝綸評注
李憑箜篌引
吳絲蜀桐張高秋空白凝雲頹不流江娥啼竹素女愁李憑中國彈箜篌崑山玉碎鳳凰叫芙蓉泣露香蘭笑十二門前融冷光二十三絲動紫皇女媧煉石補天處石破天驚逗秋雨夢入神山教神嫗老魚跳波瘦蛟舞吳質不眠倚桂樹露腳斜飛濕寒兔

灌江備考
復灌離堆碑記

《灌江备考》内文

水利工程的专志，可称之为有关这方面内容的一部传世专著。王来通雍正、乾隆年间任四川二郎庙道观的住持，二王庙处在都江堰首，他平时仔细观察水情，了解用水需求，主动研究都江堰维修管理中的问题。王来通还关心地方水利工程，发起新修横山的长同堰，造福于地方。为后人治水留下了宝贵的数据和材料。王来通为了推广都江堰的治水经验，为民造福，主持刊印了《灌江备考》，现存内容除了序和目录外，共计收录碑刻、诗文 30 篇，其中有针对都江堰岁修中的一些技术问题所编写的《天时地利堰务说》《六字碑》《复造水则》《石标对铁桩》《拟做鱼嘴法》《做鱼嘴活套法》等文章，其余各篇杂录诸种文献。后来，王来通又辑刻另一本都江堰水利资料书《灌江定考》，收录元代《蜀堰碑》和明清的有关碑文和奏疏等。《灌江备考》和《灌江定考》是现存关于都江堰治水经验的专书，流传较广，具有汇集资料、传播文献的重要作用，是研究都江堰工程发展沿革和基本经验的重要参考书。

《泾渠志》

该书为清代王太岳所著的引泾灌区的专史。约成书于 1767 年。全书分为序、图、泾水考、泾渠志、总论、后序等 6 个部分，后 3 部分是本书重点。在泾渠志部分，王太岳按时间顺序排列，考证了引泾灌区从秦代以来的兴修记录的有关史实。在总论部分，他记述了历代引泾灌区的渠道经行及灌区范围的变化，以及乾隆初年灌区拒泾引泉水的变化。书中还对泾渠德历史作用、历代灌溉面积大小等问题进行了分析。《泾渠志》作为一部古代著名水利专史，是研究泾惠渠灌区发展沿革的重要文献。

《西域水道记》

该书为清代徐松所著的以水系为纲领的新疆地志。徐松被革职流放伊犁期间，经过多年实地考察，反复修改补充，直到 1819 年才完成此书，是他花费精力最多、学术价值最高的著作。全书共五卷：卷一，罗布淖尔水系上；卷二，罗布淖尔水系下；卷三，哈喇淖尔水系、巴尔库勒淖尔水系、额彬格逊淖尔水系、喀喇塔拉额西柯淖尔水系；卷四，巴勒喀什淖尔水系；卷五，赛喇木淖尔水系、特穆尔图淖尔水系、阿拉克图古勒淖尔水系、噶勒扎尔巴什勒淖尔水系、宰桑淖尔水系。书中还附有水道图，可谓图文

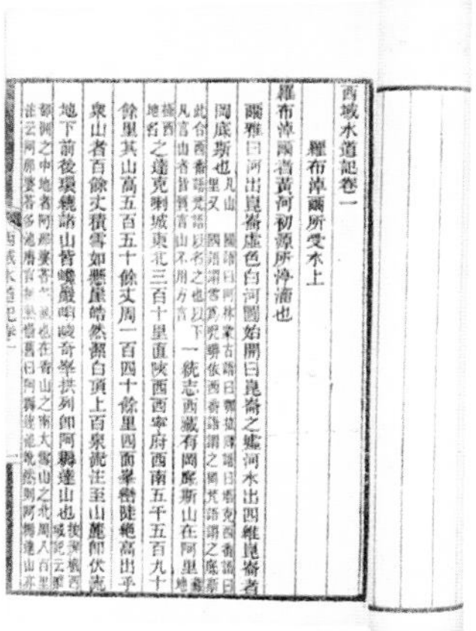
西域水道記卷一
羅布淖爾所受水上
羅布淖爾者黃河初源所渟滀也
爾雅曰河出崑崙虛色白河圖始開曰崑崙之墟河水出四維崑崙者
岡底斯也
一統志西藏有岡底斯山在阿里
地名之達克喇城東北三百十里直陝西西寧府西南五千五百九十
餘里其山高五百五十餘丈周一百四十餘里四面峯巒陡絕高出乎
眾山者百餘丈積雪如懸崖皓然潔白頂上百泉流注至山麓即伏流
地下前後環繞諸山皆巉巖峭峻奇峯拱列即阿耨達山也

《西域水道记》内文

并茂、包容古今。他分析新疆的水道多发源于高山积雪冰川，穿过山麓戈壁地带，在下游往往汇入湖泊。徐松在体例上参照和吸取古代地理名著《水经注》的写作方式，自为注记。在详细记载各条河流情况的同时，对于其流经地区的建置沿革、重要史实、典章制度、民族变迁、城邑村庄、卡伦军台、厂矿牧场、屯田游牧、日晷经纬、名胜古迹等，都有翔实的记载和丰富的考证；关于乾嘉时期新疆开发的史实，书中也有详细的描述。他在实地野外考察与调查研究中，把沿途所经过的大小河流、山脉地势、城镇村庄、道路里数等，都及时绘在草图上或多方询问，与随同翻译、仆夫核对记录，务求准确。根据乾隆时对全疆地形的实地测量和自己的亲身勘查，对河流山脉均注明经纬度和距离，保证了著作的准确性和科学性。书成后，两广总督邓廷桢为《西域水道记》作序，称赞其有补阙、实用、利涉、多文、辨物等五大优点，并在广东刊印这部著作，给予很高评价。《新疆图志》称赞此书“于诸水源流分合，考证评核，近世言西域者罕与伦比”。作为一部实用价值极大的学术著作，《西域水道记》文字简洁而不失优美生动，很多篇章段落甚至可以作为游记阅读。

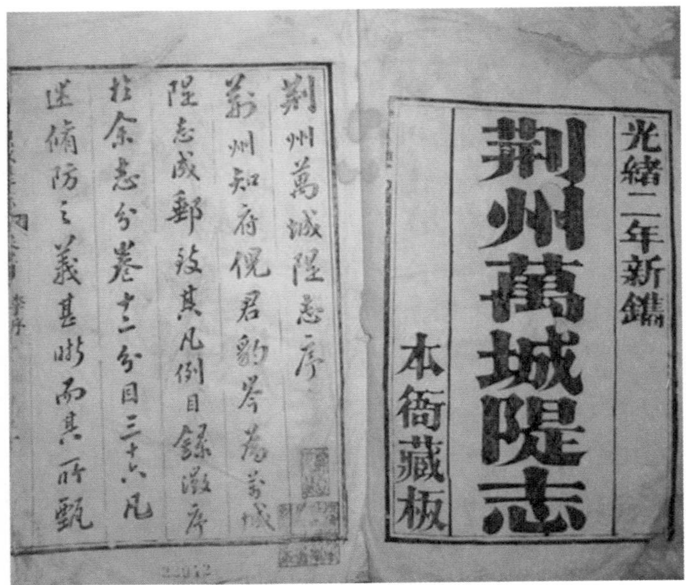

《荆州万城堤志》

《荆州万城堤志》

该书为清代倪文蔚所著的荆州堤防第一部专著，共 10 卷，外首、末各 1 卷，成书于 1874 年。倪文蔚在主政荆州期间，不间断地对万城堤进行修复加固。经过治理，大堤倾塌之患大大减轻。倪文蔚离任后，继任者在这一堤段又加修了七里庙至拖船埠驳岸，为纪念倪文蔚治江功绩，将其称之为“倪公堤”。倪文蔚将自己的亲身实践记录下来，遂成《荆州万城堤志》一书。书中分为 12 门，首列皇帝的旨谕，次为图说、水道、建置、岁修、防护、经费、官守、私堤、艺文、杂志，最后为志余，每一门下又分为若干目。凡是堤险所在、积弊所由，都详细加以叙述。《荆州万城堤志》对研究荆江大堤的兴废沿革及经验教训，有重要的参考价值。

参考文献

[1] [日] 森田明 . 清代水利与区域社会 [M]. 济南：山东画报出版社，2008.
[2] [英] 李约瑟 . 中国科学技术史 [M]. 北京：科学出版社，1975.
[3] [德] 黑格尔 . 历史哲学 [M]. 北京：三联书店，1956.
[4] 《中国水利百科全书》编辑委员会，中国水利水电出版社 . 中国水利百科全书 [M]. 北京：中国水利水电出版社，2006.
[5] 万恭，撰 . 朱更翎，校注 . 治水筌蹄 [M]. 北京：水利电力出版社，1985.
[6] 中国水利水电科学研究院水利史研究室编校 . 再续行水金鉴 [M]. 武汉：湖北人民出版社，2004.
[7] 牛汝辰 . 中国水名词典 [M]. 哈尔滨：哈尔滨地图出版社，1995.
[8] 王星光，张新斌 . 黄河与科技文明 [M]. 郑州：黄河水利出版社，2000.
[9] 卢德平 . 中华文明大辞典 [M]. 北京：海洋出版社，1992.
[10] 司马光 . 资治通鉴 [M]. 北京：中华书局，2007.
[11] 司马迁 . 史记 [M]. 上海：上海古籍出版社，1997.
[12] 全汉升 . 唐宋帝国与运河 [M]. 上海：商务印书馆，1946.
[13] 刘昫 . 旧唐书 [M]. 北京：中华书局，1975.
[14] 吕不韦 . 吕氏春秋 [M]. 上海：上海古籍出版社，1989 年点校本 .
[15] 孙保沭 . 中国水利史简明教程 [M]. 郑州：黄河水利出版社，1996.
[16] 朱绍侯，等 . 中国古代史 [M]. 福州：福建人民出版社，1982.
[17] 何炳棣 . 黄土与中国农业的起源 [M]. 香港：香港中文大学出版社，1969.
[18] 宋濂，赵埙，王祎 . 元史 [M]. 北京：中华书局，1976.
[19] 张廷玉，等 . 明史 [M]. 北京：中华书局，1974.
[20] 张含英 . 历代治河方略探讨 [M]. 北京：水利电力出版社，1982.
[21] 张含英 . 明清治河概论 [M]. 北京：水利电力出版社，1986.
[22] 张纯成 . 生态环境与黄河文明 [M]. 北京：人民出版社，2010.

[23] 李民 . 黄河文化百科全书 [M]. 成都：四川辞书出版社，2000.
[24] 李玉洁 . 黄河流域的农耕文明 [M]. 北京：科学出版社，2012.
[25] 李根蟠，等 . 中国原始社会经济研究 [M]. 北京：中国社会科学出版社，1987.
[26] 李濂撰，周宝珠，程民生点校 . 汴京遗迹志 [M]. 北京：中华书局，1999.
[27] 沈括撰，胡道静，金良年校 . 梦溪笔谈 [M]. 北京：中国国际广播出版社，2011.
[28] 沙克什撰，钱熙祚校 . 河防通议 [M]. 台北：广文书局，1958.
[29] 陈桥驿 .《水经注》校释 [M]. 杭州：杭州大学出版社，1999.
[30] 周魁一 . 二十五史河渠志注释 [M]. 北京：中国书店出版社，1990.
[31] 周魁一 . 中国科学技术史 · 水利卷 [M]. 北京：科学出版社，2002.
[32] 周魁一 . 水利的历史阅读 [M]. 北京：中国水利水电出版社，2008.
[33] 欧阳修，宋祁 . 新唐书 [M]. 北京：中华书局，1975.
[34] 武汉水利电力学院，水利水电科学研究院《中国水利史稿》编写组 . 中国水利史稿 [M]. 北京：水利电力出版社，1979.
[35] 范晔 . 后汉书 [M]. 北京：中华书局，1973.
[36] 郑肇经 . 中国水利史 [M]. 上海：上海书店，1984.
[37] 姚汉源 . 中国水利史 [M]. 上海：上海人民出版社，2005.
[38] 姚汉源 . 中国水利史纲要 [M]. 北京：水利电力出版社，1987.
[39] 赵尔巽，等撰 . 清史稿 [M]. 北京：中华书局，1998.
[40] 夏纬瑛 . 吕氏春秋上农等四篇校释 [M]. 北京：农业出版社，1979.
[41] 夏鼐 . 中国文明的起源 [M]. 北京：文物出版社，1985.
[42] 徐松 . 宋会要辑稿 [M]. 北京：中华书局，2012.
[43] 班固 . 汉书 [M]. 北京：中华书局，1983.
[44] 袁珂 . 山海经全译 [M]. 贵阳：贵州人民出版社，1994.
[45] 袁珂 . 中国神话通论 [M]. 成都：巴蜀书社，1991.

[46] 贾兵强 . 科技黄河研究 [M]. 北京：中国社会科学出版社，2014.
[47] 贾兵强 . 楚国农业科技与社会发展研究 [M]. 北京：科学出版社，2012.
[48] 郭涛 . 中国古代水利科学技术史 [M]. 北京：中国建筑工业出版社，2013.
[49] 钱穆 . 中国文化史导论 [M]. 北京：商务印书馆，1994.
[50] 顾浩 . 中国治水史鉴 [M]. 北京：中国水利水电出版社，1997.
[51] 梁家勉 . 中国农业科学技术史稿 [M]. 北京：农业出版社，1992.
[52] 脱脱等撰 . 宋史 [M]. 北京：中华书局，1985.
[53] 脱脱等撰 . 金史 [M]. 北京：中华书局，1975.
[54] 《黄河水利史述要》编写组 . 黄河水利史述要 [M]. 郑州：黄河水利出版社，2003.
[55] 傅泽洪，编，郑元庆，纂辑 . 行水金鉴 [M]. 上海：商务印书馆，1936.
[56] 董恺忱，范楚玉 . 中国科学技术史 · 农学卷 [M]. 北京：科学出版社，2000.
[57] 鲁西奇，林昌丈 . 汉中三堰：明清时期汉中地区的堰渠水利与社会变迁 [M]. 北京：中华书局，2011.
[58] 靳怀堾 . 中华文化与水：上卷 [M]. 武汉：长江出版社，2005.
[59] 靳辅撰 . 治河方略 [M]. 乾隆三十二年刻本 .
[60] 黎世序，等纂修 . 续行水金鉴 [M]. 上海：商务印书馆，1936.
[61] 魏徵 . 隋书 [M]. 北京：中华书局，1973.
[62] 冀朝鼎 . 中国历史上的基本经济区与水利事业的发展 [M]. 北京：中国社会科学出版社，1992.
[63] 马勇 . 东南亚与海上丝绸之路 [J]. 云南社会科学，2001（6）.
[64] 冉苒 . 郭守敬治水的思维特征 [J]. 华中师范大学学报：自然科学版，2000（2）.
[65] 朱更翎 .《宋史 · 河渠志》与《金史 · 河渠志》[J]. 中国水利，1986（4）.
[66] 朱更翎 . 中国古代水利名著 [J]. 中国水利，1986（1）.
[67] 朱更翎 . 元史 · 河渠志 [J]. 中国水利，1986（5）.

[68] 朱更翎 . 史记 · 河渠书 [J]. 中国水利，1986（2）.

[69] 朱更翎 . 汉书 · 沟洫志 [J]. 中国水利，1986（3）.

[70] 朱更翎 . 明史 · 河渠志 [J]. 中国水利，1986（6）.

[71] 朱晓鸿 . 西学东渐与中国近代水利高等教育 [J]. 华北水利水电学院学报：社会科学版，2013（4）.

[72] 朱康倬 . 汉武帝的《瓠子歌》[J]. 中国水利，1988（6）.

[73] 许宏 . 中国古代城市排水系统 [N]. 中国文物报，2012-8-3（005）.

[74] 何国强 . 论卡尔 · 魏特夫的东方国家起源说 [J]. 中山大学学报：社会科学版，1996（5）.

[75] 吴琦 . 漕运与古代农业经济发展 [J]. 中国农史，1998（4）.

[76] 张卫东 .《治水筌蹄》及其整编工作 [J]. 中国水利，1987（12）.

[77] 张汝翼 . 豫河三《志》[J]. 中国水利，1988（1）.

[78] 张应桥 . 我国史前人类治水的考古学证明 [J]. 中原文物，2005（3）.

[79] 李道群 . “治水社会”的治水技术 [N]. 中国社会科学报，2012-4-2（A08）.

[80] 杨秀伟 . 我国古代水法简介 [J]. 中国水利，1988（3）.

[81] 谷建祥，等 . 对草鞋山遗址马家浜文化时期稻作农业的初步认识 [J]. 东南文化，1998（3）.

[82] 周晓光，唐萌萌 . 明代归有光《三吴水利录》述评 [J]. 安徽师范大学学报，2008（1）.

[83] 周魁一 . 潘季驯“束水攻沙”治河思想历史地位辨析 [J]. 水利学报,1996（8）.

[84] 郑连第 . 水经注 [J]. 中国水利，1986（8）.

[85] 胡一三 . 黄河埽工的前世与今生 [N]. 中国水利报，2006-6-8（006）.

[86] 钮仲勋 . 徐松的《西域水道记》[J]. 中国水利，1987（5）.

[87] 徐旭 . 治水与安邦治国 [J]. 国学，2011（8）.

[88] 徐娜 . 上下千年话洪水 [J]. 中国减灾，2006（7）.

[89] 徐福龄 . 治河方略 [J]. 中国水利，1987（4）.

[90] 聂德宁 . 元代泉州港海外贸易商品初探 [J]. 南洋问题研究，2000（3）.

[91] 贾兵强 . 大禹治水精神及其现实意义 [J]. 华北水利水电学院学报：社科版，2011（4）.

[92] 贾兵强 . 夏商时期我国水井文化初探 [J]. 华北水利水电学院学报：社科版，2010（3）.

[93] 贾兵强 . 裴李岗文化时期的农作物与农耕文明 [J]. 农业考古，2010（1）.

[94] 贾振文 ."永定河志"和"永定河续志"[J]. 中国水利，1987（7）.

[95] 郭迎堂 . 灌江备考 [J]. 中国水利，1988（5）.

[96] 郭涛 . 16 世纪的治河工程学——《河防一览》[J]. 中国水利，1987（1）.

[97] 陶存焕 .《海塘录》简介 [J]. 中国水利，1987（9）.

[98] 顾浩，陈茂山，古代中国的灌溉文明 [J]. 中国农村水利水电，2008（8）.

[99] 黄文房，阚耀平 . 新疆坎儿井的历史、现状和今后发展 [J]. 干旱区地理，1990（3）.

[100] 程鹏举 .《荆州万城堤志》和《荆州万城堤续志》[J]. 中国水利，1987（11）.

[101] 蒋超 .《行水金鉴》及其续编 [J]. 中国水利，1986（10）.

[102] 靳怀堾 . 历代治水文献 [J]. 国学，2011（8）.

[103] 靳怀堾 . 治水与中华文明 [J]. 国学，2011（8）.

[104] 谭徐明 .《北河纪》及《北河续纪》[J]. 中国水利，1987（2）.

[105] 谭徐明 . 我国近代第一部《水利法》[J]. 中国水利，1988（3）.

[106] 谭徐明 . 漕河图志 [J]. 中国水利，1986（9）.

[107] 魏勤英 . 弘扬中华民族精神　繁荣大运河文化 [N]. 人民日报海外版，2012-11-9（005）.

图书在版编目（CIP）数据

图说治水与中华文明 / 贾兵强，朱晓鸿著. -- 北京：中国水利水电出版社，2015.4
（图说中华水文化丛书）
ISBN 978-7-5170-3124-6

Ⅰ. ①图… Ⅱ. ①贾… ②朱… Ⅲ. ①水利工程－关系－文化史－中国－古代－通俗读物 Ⅳ. ①TV-092 ②K203-49

中国版本图书馆CIP数据核字(2015)第080490号

丛 书 名　图说中华水文化丛书
书　　名　图说治水与中华文明
作　　者　贾兵强　朱晓鸿　著
出版发行　中国水利水电出版社
　　　　　(北京市海淀区玉渊潭南路1号D座 100038)
　　　　　网址: www.waterpub.com.cn
　　　　　E-mail: sales@waterpub.com.cn
　　　　　电话: (010) 68367658 (发行部)
经　　售　北京科水图书销售中心 (零售)
　　　　　电话: (010) 88383994、63202643、68545874
　　　　　全国各地新华书店和相关出版物销售网点

书籍设计　李菲
印　　刷　北京印匠彩色印刷有限公司
规　　格　215mm×225mm 20开本 10印张 190千字
版　　次　2015年4月第1版　2015年4月第1次印刷
印　　数　0001—4000册
定　　价　60.00元